倡导自由探究

鼓励学术争鸣

活跃学术氛围

促进原始创新

新观点新学说学术沙龙文集㉗

下一代网络及三网融合

中国科协学会学术部　编

中国科学技术出版社

·北　京·

图书在版编目(CIP)数据

下一代网络及三网融合/中国科协学会学术部编.
—北京:中国科学技术出版社,2010.11
(新观点新学说学术沙龙文集;27)
ISBN 978 – 7 – 5046 – 5041 – 2

Ⅰ.①下…　Ⅱ.①中…　Ⅲ.①计算机网络 – 文集
Ⅳ.①TP393 – 53

中国版本图书馆 CIP 数据核字(2010)第 219322 号

本社图书贴有防伪标志,未贴为盗版

中国科学技术出版社出版
北京市海淀区中关村南大街 16 号　邮政编码:100081
电话:010 – 62173865　传真:010 – 62179148
http://www.kjpbooks.com.cn
科学普及出版社发行部发行
北京市迪鑫印刷厂印刷

*

开本:787 毫米 × 1092 毫米　1/16　印张:6　字数:200 千字
2010 年 11 月第 1 版　2010 年 11 月第 1 次印刷
印数:1 – 2000 册　定价:18.00 元
ISBN 978 – 7 – 5046 – 5041 – 2/TP · 373

序　言

　　随着信息网络的发展,新信息网络的体系、机理、原理以及电信网、互联网与广播网的三网融合,成为国内外信息网络领域的研究重点和热点。2009 年 3 月 19～20 日,中国科协学会学术部以"下一代网络及三网融合"为主题在北京举办了第 27 期新观点新学说学术沙龙。会议邀请了包含院士、专家、青年学者和学生在内的老中青三代专家学者就此问题进行自由讨论。会上,所有专家学者都踊跃发言,不但提出了自己的新观点新学说,而且对他人提出的观点、学说进行了质疑和热烈的讨论。会议讨论了现有信息网络的演进和完善机制、全新信息网络体系及其关键技术、三网融合的可行性方向等,并提出了很多新颖的观点。比如,针对三网融合的问题,李幼平院士提出了"网帮网"的思路;针对全新信息网络体系及其关键技术的研究,刘韵洁院士提出"后 IP"的思想等。读者可以从本书中了解到与会专家学者提出的新观点新学说。希望通过本书的抛砖引玉,进一步激发广大同仁对相关问题的思考和研究,为提高我国在信息技术领域的国际地位、为我国建设创新型国家而不懈努力。

张宏科

2009 年 6 月

目　录

关于欧洲互联网体系结构研究的观点

◎ 程时端

网络体系结构的演进不同于系统设备的开发,网络需要整体连接,具有延续性,有了新技术不能把旧网络拆了重来,这里面涉及怎么演进过渡的问题。IP 并不是永存的,最终会消亡。但是现在要把 IP 都拿掉,我们用什么?这里面不得不考虑过渡的问题,怎么从前一代过渡到下一代?

大家知道,互联网体系结构的研究有两种途径,一种是革命,一种是演进。现在我讲演进的方式。

我介绍的背景材料是一个欧盟 FP7 计划中的项目,这个项目名称叫"EFIPSANS",研究期从 2008 ~ 2010 年,目标是在 IPv6 基础上构建一个自治、自管理的网络,也就是说网络演进是基于 IPv6 来做的。

这个项目在欧盟中共有 14 个成员单位参加,北京邮电大学是其中唯一的非欧盟单位,总的经费是 1000 万欧元,欧盟拨款 700 万欧元,这是综合类的大项目。它的目标是基于 IPv6,设计一个将来可以自管理的互联网。

它的思路是从生物学、社会学、经济学角度来看网络。人体有两个功能,一个是认知和推理的功能,能够按照推理进行规划设计;另外一个是无意识的功能,发现了情况马上应对。我们的互联网原来没有脑子,基本上是被动应付环境里面出现的问题,本身没有学习和推理、决策的功能,都要靠人干预。现在我们想把认知推理加入到互联网,在 IPv6 网络的基础上,能不能把脑子加进去,改造成一个能够自我完善的网络? 就是这样的一个思路。什么叫自治网? 即一个可以自我认知、决策和管理的网络。其中新思想就是加进一个脑子,使得互联网有一个自我认知的功能,有一个决策功能,可以自己控制网络,调整处理各种各样的异常情况。网络里面有很多环控制,出了情况可以进行调整。

目前,我们已做了一年,第一项工作是设计了一个未来自管理网络体系架构,叫做 GANA(通用自治网架构)。现在的互联网是一个单平面结构,主要是数据传送,我们在原数据平面之上,增加了三个平面:一个决策平面,一个分发平面,还有一个发现平面。这个结构使我想起原来的 ATM 网络,有三个平面,即用户平面、控制平面和管理平面,是把很多管理控制的功能加到网络里面,每个平面又分层次,形成一个三维结构图。新一代互联网的四平面结构比 ATM 网络更为复杂,目前还没有画出立体图。分层分平面设计了很多控制元素,这些元素驱动了一个个控制环。

简单讲一下控制环,上面有一个决策单元,它负责收集网络情况,通过监测单元,检测到各种信息,例如拥塞、故障等。各种各样的检测信息送到决策单元,决策单元经过推理发布命令,控制一系列的被控制单元,进行重路由,重新发现邻居等各种各样的动作,这些平面又分成四个层:网络层、节点层、功能层、协议层,每层都有自己的控制环。网络里面有很多很多控制环,这使互联网能够有一个自我学习、认知和决策的功能,这个网络体系机构是不简单的,比现在网络要复杂得多。

这样做有什么好处? 它能够做到自适配、自优化、自发现、自保护,能够重配置,使得我们网络的性能、灵活性、可靠性提高,减少运营开销等。

现在我们做的工作:第一,要定义网络自治行为,在什么情况下,什么样场景,有什么样的自治行为。第二,用结构化的方式,或者形式化的方式描述新的多平面多层网络结构,用元模型等工具。第三,要进行设计开发,实现一些演示系统,连成实验网。我们有一个重要的研究课题就是研究方案的可扩展性,如果将来组成 1000 个节点,甚至十万个节点的大网络,我们这个自治网络的性能会怎样? 系统的控制管理开销有多大?

我们的研究任务覆盖了互联网基本的网络服务(包括路由和包转发),

高级的网络服务(包括 QoS、移动管理、故障管理、网络安全、抗毁等)和网络的管理功能。比如监测,网络怎么监测?哪些地方放监测点?怎么收集、分发监测信息?

目前,该项目正在进行设计、开发,要构成一个基于 IPv6 的自治网,这个网里面要演示各种自管理的特性。

最后一项工作就是标准化的工作,关起门做网络演进是不管用的,必须做一个标准,没有标准是不能推广的。现在我们这个研究组,在提出 GANA 结构的同时,在多个会议和刊物上发表文章,进行宣传。同时,我们对现有的 IPv6 协议进行分析,哪些协议需要扩展和需要改进,比如提出了 ICMPv6++,ND++,DHCPv6++,OSPFv3 等扩展的 IPv6 协议。项目组已在在欧洲的标准化组织 ETSI 中成立了“未来自治网络工程”工业规范组(AFI ISG),致力于推进自管理互联网的工业标准。项目还将向 IETF 提出建议草案,目前这个项目在欧洲很活跃,影响比较大。

这个项目分三年完成,2008 年作了一些需求分析、概念及设计,后两年会做进一步的开发和试验。作为参与者来看,觉得这个计划是演进的、有生命力的,但演进也并不容易。想把一个简单 IP 网,装一个脑子进去,分成这么多平面、这么多层次,中间引入了信令,另外还要把全网监测起来,这都不是容易的事情,但应该比革命路线实现起来要快一些。推倒 IP 绝对不是 5 年以内的事情,不可能一下子就没有 IP 了,在这个时间里面网络怎么办?目前我们已经花这么多的钱和人力建了一个 IPv6 网络,应该尽量让它完善起来,使它能够做到自学习,自完善。这个思想是好的,但是实现起来也并不太容易,我也很关心这个方案的复杂性,如果开销大于收益就不合算了。我毫不怀疑我们可以做一个很好的演示网,如果将来整个全球使用,可能比 ATM 还复杂,但 ATM 怎么消失的大家都没有忘记,这是我个人的担心。我想这是一个很好的研究方向,今后在研究的过程中,这个方向的目标和路线应该还会调整和改进。

未来计算机变革性的发展

◎戴　浩

现在简单地介绍一下网络建设的体会。军用计算机网络通常分专网和公网两种,其发展途径与指导思想不完全相同。一种是走向后兼容的发展道路,从早期的 X.25 分组交换网过渡到帧中继,从帧中继过渡到 ATM,又从以 ATM 交换为主过渡到以 IP 路由为主,包括 MPLS。当核心网采用帧中继交换机时,就将 X.25 交换机推向边缘;当核心网采用 ATM 交换机时,就将帧中继交换机推向边缘,同时淘汰 X.25 交换机;当核心网采用高速路由器时,就将 ATM 交换机作为备份手段。还有一种发展道路是变革性、革命性的,例如从原来的主机—终端系统发展到专用的计算机网络,如 DECnet,再发展到走开放式的体系结构 TCP/IP 这样一种道路。这两种办法对于一个中小型的企业级网络来说,我觉得都是可行的,因为包袱不大。

当时我提出来一个想法,向下兼容不能成为采用新技术的束缚,要采用新技术必然要有突破。事实上,网络里面的一、二、三期工程是不兼容的,不兼容带来一个问题是投资不能得到有效保护。那么,我们可以采取的办法是让它重叠运行,重叠执勤。新网执行的同时旧网继续执行两三年,慢慢设备到了生命周期就自然淘汰掉了。要过分兼容也有好办法,但是对于全球网络来说决策就要慎重了,因为保护投资是一个很重要的问题,我觉得发明一个新的网络体系结构还不是太难的事情,因为现在大家这方面做的工作很多,但是要解决新的体制和旧的体制怎么过渡兼容的问题,有时候比发明一个新的体系结构更难,或者任务更重。

IPv6 的一个明显特点就是 IPv6 技术早就出来了,但是兼容的政策,有

30 多种过渡方法，到现在还没有一个真正能占主流，是用 IPv6 还是用 IPv4 大家争论不休。所以有人讲，这就像把高速运行中的汽车的轮胎换掉，是很困难的事情。这件事情要想不好，网络升级换代就不可能实现，这是我们网络下一步发展指导思想的问题。对下一代网络发展思想还没有正式文件，但是我们开过几次研讨会，曾经出现过两种不同意见。一种认为跟民网体制走，还有一种认为我们军网要搞独立的体系结构。国家要强调自主知识产权和亮点的问题，认为如果采用民用网络体系机构，安全问题会得不到保障。这个问题现在还没有完全统一认识，我觉得还可以继续研究。

我们再看看国外的情况。美军的网络发展与我们有类似问题，他们有一个计划叫"可信赖全球网络"，是 2006 年提出来的，想用推倒重来的思想研究网络发展，曾经搞了 9 个专题，向全世界研究团体、运营商征求意见，叫 RFI，其中一个问题就是军网需要不需要单独体系机构。最后讨论的结果认为，虽然军网与民网有很多结构不一样的地方，但是这种差异没有达到非要重新设计两套网络体系结构的地步，即使要重新设计军用的 NGN，民网同样有这样的要求。结论是未来的军网体制即使重新设计也还是要向民网靠拢，或者是在同一个体系下提供不同等级的安全保护。

美军对网络安全的考虑跟我们不太一样，美军有三个计算机网络：第一个叫非保密的 IP 路由网 NIPRNET，是传敏感信息的；第二个是保密的 IP 路由网 SIPRNET，这个网是传机密信息的；第三个叫联合全球情报通信系统 JWICS，是传绝密级信息的。这三个网络基本上是按密级划分的，因而采用了不同等级的安全防护措施。美军的网络结构和它的安全措施因为不太公开，所以有的地方看得还不是很清楚。

美军正在执行的项目叫 GIG（全球信息网格），要到 2020 年才能完成这个计划，这是一个很长远的计划。曾经在 21 世纪初，2003 年 6 月，美国防部的 CIO 提出要在 2008 年前完成从 IPv4 向 IPv6 的过渡，现在最后期限已经过去了，但他们并没有按计划完成任务。原先是决定停止采购 IPv4 路由器,并逐步用 IPv6 的路由器去替换。但是从 2007 年的报道看,他们刚刚制定出一个 IPv6 路由器的标准规范,就是说还没有按预定计划采购 IPv6 的路由器。

　　IPv6 技术在美国的状况与我国正好相反。在美国,军队是最积极,我们国家是地方最积极。2007 年美国防部公布了一个"GIG 体系结构构想"v1.0,它描述了未来或下一代 GIG 的体系结构,即 2020 年前要做什么事情。构想里面有 9 条原则,第一条叫做"Internet & World Wide Web Like",即保持跟互联网和万维网体系标准的相似性,同时增强机动性、保密性和优先级等军事特征。美军 GIG 是他们一个很大的信息基础设施,从这个构想看,里面的网络体系仍然是按照 IP 的体系结构在往前走,这个思路可能会对我们有一定的启发。

　　安全防护问题是军网一个基本要求,但不是仅仅靠技术措施就能解决的。我们以为,现在的互联网最大缺点是无政府、无组织、无纪律、无法律,但是军网在管理体制上确确实实有我们的优势,军网不允许无组织、无纪律。首先,我们早就把计算机接入的端口、IP 地址和 MAC 地址绑定起来了,用户上网一律采用实名制,这个完全能够做到。第二,我们在每个受控终端上面安装一个接入监控软件,也就是装一个"窃听器",运行什么软件,有没有违规跟外网连接,这些信息都要收集汇总起来。这个软件还必须与操作系统绑定在一起,不允许卸载,连重装一次操作系统也不行。这就体现了有组织、可管理网络的一些思想。

　　所以,我觉得技术措施要和行政管理结合起来,才能保证网络安全,光靠技术保安全不可能达到彻底的安全。

移动互联网对网络架构的影响

◎黄 兵

首先,看看现在电信的发展趋势。截至 2008 年年底,国内电信市场固网宽带用户为 8500 万户,预计到 2011 年将达到 1.49 亿户。当前,互联网以固网互联网为主,移动互联网还没发展起来。截至 2008 年年底移动电话用户有 6.5 亿户,预计到 2011 年将达到 9.08 亿户。

现在国内 3G 发展得比较快,对 3G 的用户预计占移动用户的比例在 27.8% 以上,达到 2.5 亿户,这里包括了各种 3G 的制式。

2.5 亿户是个什么概念? 以后用移动互联网的用户有可能超过固网的用户。上面讲到的固网用户到 2011 年将达到 1.49 亿户,是一个比较平稳的状态的增长,移动的增长会比较高。3G 移动互联网的主要应用模式和固网差不多,都是音乐、新闻和即时通信。如果用一个表预测流量,流量基本上按指数增长,数据业务收入逐渐成为运营商的一个主要收入来源。

数据业务收入与通话收入相比,日本比较高,数据业务占 30%,其中非短信的数据业务占 21%,这里数据业务是把短信业务算在里面的,中国移动是 25.7%,大部分是短信业务。现在一个主要的问题就是用户数,3G 移动互联网用户数达到 2.5 亿户就超过了固网宽带,数据流量也会逐渐的接近,但不可能超过固网,差距还是很大。当前移动互联网用户数和数据流量还非常少。我们承建了移动、联通数据网,移动数据网络,据我们了解,现在一个省同时并发移动上网用户数也就是几千个用户。相对固网是非常少的,数据流量也就是几兆、十几兆。以后移动互联网用户数需求量肯定会迅猛增加,这种增加会对网络架构产生比较大的影响。

现在的固网,随着宽带的增加,它的网络架构也要发生变化。BRAS 设备,也就是用户接入认证设备,在用户数少的时候相对集中放置,用户多了之后逐渐变成分布式部署。

现在移动互联网的主要问题是它尚不支持三层切换。二层切换是在移动网关范围内的切换。一个移动网络结构,分为接入层、城域、省网和骨干几个部分,基站上面 GGSN 就是一个网关设备,所谓二层切换就是在一个网关内切换,这个切换需要更换二层链路,但不更换 IP 地址。三层切换就是跨移动网关的切换,需要更换 IP 地址,无法做到不中断现有业务。网关非常少,一个省一般有一台,所以说只要在省内漫游,切换就是二层切换,跨省的才是三层切换,所以网关设备不支持三层切换也没问题。

对于现在的 3G,我不是很了解。以前的 GPRS(中国移动网络)不支持三层的切换,如果跨省就要断掉重新连接。现在三层切换数量比较少,所以问题也不大。随着移动互联网的普及,网关设备,GGSN 会逐渐下移,甚至会进入基站。若用户数很高,比如达到几十万、上百万户,如果网关还是集中放置,会给设备可靠性、处理能力会带来很大影响。跟固网相比,现在中国电信 BRAS 管理的并发用户是 1 万~2 万户,从以前一个省一台到现在一个城域就有很多台。

传统 IP 协议是不支持移动的,三层切换存在一个技术问题,困难在于 IP 地址的二义性。IP 地址作为终端位置标志,在切换到另一个网段的时候必须分配新的 IP 地址。

中国联通 CDMA 是做了一个 Mobile IP。作为身份标志,在移动切换时不能变,一个业务连接是五元组标志的。所以说要使业务连接不中断,IP 就不能变,这个是很矛盾的。Mobile IP 就是一个终端两个地址,家乡地址就是代表用户身份,另外一个就是转交地址移动过程中要变化的。

Mobile IP 存在什么问题呢?用户每次切换要分配新的地址,地址分配时间是比较长的,要花 1~2 秒时间,切换时延就比较长。同时,存在路径迂回,流量要到家乡代理转一下,而路由优化又需要移动终端之间建立一个信任关系。另外,终端要支持移动 IP,现在我们很多终端并不支持。

2008 年,业界又提出一个 Proxy Mobile IP,作为 Mobile IP 的改进,这个协议大概在 2009 年终稿。简单地说,就是给所有的用户规定了一个所谓的锚点,用户所有流量通过隧道方式发给锚点,但锚点数量非常少。如果所有流量要发到锚点去,那么对锚点可靠性影响比较大,所有流量要迂回到那边去,增加了延时,导致了网络迂回。比如从上海坐火车到南京,流量要经过上海转一圈再回来,这样就不经济,如果要大量部署,肯定存在很严重的问题。

刚才讲的移动性,应该说还没有特别好的解决方案。我认为,现在的解决方案是在用户数少、流量低的时候没有问题,可能在实验室也能模拟出来。但是真像刚才讲的那样,若移动互联网用户数超过固网的用户数,这种情况肯定存在问题。

另外就是路由表过大的问题,固网本来也已经存在这个问题,现在核心路由器上的路由表已经突破了 30 万条,若移动互联网再发展起来,这个问题肯定会更加严重。

现在中国电信分到的地址数量是 4700 多万,中国移动只有 500 多万个 IP 地址的数量,这个差距非常大。移动互联网发展的一个非常大的瓶颈就是 IP 地址的容量问题。

移动网络对用户身份认证信息能不能提供给互联网?传统的互联网对用户是没有认证的,但是移动网络本来对用户是有认证的。互联网 IP 地址,有两重属性,一个是位置,另一个是身份。虽然 IP 地址是位置标志,但是上层应用软件无法作为用户标志。首先地址是动态分配的,无法作为用户的长期标志;另外,用户访问服务器的时候,服务器虽然知道了用户的 IP 地址,但是 IP 地址无法查他的身份,IP 地址跟用户身份的对应关系是在 3A 服务器里面,一般的情况下不允许查询,也比较麻烦。怎么办?有很多网站为了识别用户要建立自己的用户群。用户上每个网站都要注册,再登录。网站通过使用 Cookie 手段识别每一个用户,这样既不方便也不安全,因为很多终端安全属性高,把 Cookie 禁掉,网站就没有办法识别用户。传统的移动网络是基于用户真实身份的网络,每个用户都有一张 SIM 卡以及 IMSI 号,有一个严格认证的过程,不像传统互联网谁上都可以,移动网的用户是认证过的。但是如果移动网络还是用传统 IP 建立连接,还是有这样的问题,认证结果不能提供给 ICP。虽然给用户结果做了严格的认证,网站还是只知道 IP 地址,不知道用户身份。移动网络对用户认证的好处,必须提供给网站,否则我认为这也是一个浪费。现在移动网络 WAP 网关做了一个功能,ICP 询问用户身份可以把用户电话号码告诉你。但 WAP 协议以后会不会一直用下去? 这个不一定,使用起来也不是很方便,这也是一个问题。

我觉得未来的网络应该是由运营商保证用户身份的认证,其他业务提供商的 ICP 可以直接使用用户信息,这样用户使用起来非常方便,通过运营商认证,上任何网站都不用重新注册一个用户名。

最后,用户有权利选择提供真实的身份还是匿名,现在很多网站允许匿名,用户有权利选择,就像用户一个人可以蒙着脸去公园里面走,没有人管,但是蒙着脸到银行里面,可能就马上被赶出去了。所以,这是不同场合对安全需求不一样,像银行网站必须是真实身份,其他网站用户可以选择匿名还是不匿名。这是一个双向选择的过程,但这个应该在技术上实现,技术上应该提供这种可能。

当今互联网发展现状及其趋势研究

◎李幼平

中国工程院在研究一个问题,目前存储器越来越便宜,原来有"满城尽戴黄金甲",现在是全国尽带存储器,U 盘、SD 卡到处都是有泛在的情况,无处不在的泛在存储有什么用? 工程院信息学部得到支持,为我们开展了两个研究,参加的有倪光南、陈式刚、张尧学院士,2006 年做了一个叫做网格构思的题目,2008 年为推动先进文化,开始做一些 Wi-Fi 理论分析,后来做一些实验验证,在这个基础上我们九院和广科院一起做了一个项目。

实验有什么结果? 我们已经掌握了某种主流文化泛在镜像的技术,它的好处就是弘扬先进技术。什么叫主流文化,指大概有几百种影响力最大的报刊、台站积聚而成的文化群体,这就叫多元化,这里面影响力最大的就是主流文化方法。泛在镜像是指卫星直接把文化群体的新鲜内容推送给 ISP 收存,提供电视机、手机收存,这样形成一个广播网帮助互联网节约带宽的全新局面,因为目前互联网带宽是一个很大的问题。

什么叫主流文化? 我们用数量说明,因为自然科学家用定义很多,用数量表述一下什么是主流文化的认识。全国是这样一个多元化形式,有几百个网站,几百种报纸、电台能够吸引多数注意力,有重大社会影响力,我们叫主流资源,品种大概是少于 1000 种。数学上我们已经作了仔细分析,竞争的结果是符合利率的。因此总是少数资源占有大多数影响力,1000 个资源 24 小时里面的重复量是多少,是一个巨大数字,但也是一个有限的数字。我们跟北京大学一起探讨后,根据他们 5 年的统计,做了一个数据,到目前为止中国的网站有上百万个,一天非视频内容就是 30Gb,经过 AVS 压缩就是 1000Gb 以内，因此就进入存储可能性。广播有一个特点，如果连续一天 24 小时播送，一个兆可以推送 10.8Gb 的字节量。结果就出来了，40 兆卫星转发器是 2G，每天可以推 400Gb，这个能力绰绰有余地用电磁波方式把当天所有新鲜内容都送给全国城乡。

因此产生了一个简单的想法，通过广播把主流文化注入互联网的 ISP，注入家庭电视机，甚至注入每个人的手机里面，这样有什么作用呢？有可能为互联网大幅度节省带宽，创造一个新的局面。

我们把三个组件，三个芯片整合起来，叫做镜像组件，关键的问题要计算，内容的计算是一个功能。这样怎么节省带宽呢？大部分主流文化通过广播网、内容计算到芯片存储起来了，如果没有存到芯片中才要用互联网查看。因此，要解决一个问题，要实现这个理想需要创新，这个创新就是关于语义代码的问题。自从 1960 年以来，网络都是互联网语义来给予信息量。我觉得这里要给语义代码平反，应该把语义代码都放在 IP 包里面去。刚才说泛在节省带宽思想有一个难题，如何沟通几亿多家庭对上千种资源的需求？解决这个问题的办法就是所谓的语义网的概念。我们的方法跟语义网不同，这是中国人自己想出来，内容地址的概念就是用 16 个字节有限元素的语义地址，称为"UCL"，去管理无线集合的自然语义。不是从主谓宾开始，而是前 8 个字节是基本定位，后 8 个字节叫本题定位。

用什么来全面管理泛在镜像网络？根据 16 字节标音涉及的话题是什么属哪一类？法律通过 UCL 监管发放许可证，终端也就是存储端根据 UCL 来确定是否下载，读者根据 UCL 选择浏览。总之，通过 UCL 的代码，是软件的一个创造和发明，来管理整个文化传播的全过程，在用户资源之间建立语义计算的连接，这样既保证了国家的文化安全，又保证人民享用方便。

由此有一个概念要解释，叫半连通广播，泛在镜像属于连通活版广播，借助大家熟悉的 ST 原理，一般教科书叫存储转发，这是因为中间有了存储环节。电台播出不用理会用户如何去用，使得电台播出和用户享用在时间、速率上互不牵扯。接收机是全天工作,物理上始终跟卫星连通,它把所有的内容送给所有接收机用户,所以这个是有连通。但是数据包存不存、存储结果是否阅读由用户端决定,这里所谓半连通是前半段连通,后半段不连通。半连通带来高效率活版广播,连通就是卫星和所有接收机连通,一次拨通不需要第二次,无连通就是保证竭尽理论极限。现在一个广播站点承担一套节目,以后可能承担几十套、上百套。还有一个叫分级理念,出现了一种所谓类似于活版印刷的技术,广播出现不受节目时间表约束,灵活播出,我们就叫它活版广播。

这就可以构成一个网帮网的全新局势,用泛在可以大量吸收一个新的概念,泛在镜像把常用网页早早地保存,这样可以缓解移动带宽的压力。广播网大量分担 Web 下行,分担在线视频将构成一个广播网帮助互联网的一个全新的局势。现在是互联网帮助广播网,广播网无力帮助互联网。电信网、广播网可以互相帮助共同撑起中国无线互联网,这样可以体现三网融合的国策,也体现把多服务的 IP 网络转变成为一个多网络的服务的潮流。

总的来说,我们的思想就是利用这么一个小小的镜像卡或者镜像芯片,核心内容就是一个语义代码,或者语义地址和它的核心内容计算。

目前来看,三网融合的瓶颈在哪? 三网融合提出十年,成效甚微,这是工信部部长不久前讲的。现在说三网是二元化融合问题,二元融合是生产实力的互补。如果在最近几年以内科学技术发展没有创造出一个广播帮通信的生产力,结局只能是电信网兼并广播网,不可能是融合。我们主张的"泛在镜像"技术补上了这一课,营造对称的"网帮网"。就如一首歌所唱的:"帮助别人就是帮助我自己",我相信广播网帮助电信网,其实也是广播网帮助了自己。这样,广播网、电信网成为互联网基础设施,互联网像一个"人"字,一个是靠电信网支持,另一个是靠广播网,两个网共同支持中国的网络互融。我认为,三网融合是这样的,而不是一个三角形。互联网并没有一个实体,以后广播也来支持,支持热门网页、在线视频,把互联网带宽的崩溃问题等都解决了。

泛在镜像有什么用呢？一是有利于现在的文化共享、素质教育，这是国家工程，能够群聚一体，现在村村通，以后户户有。我认为邓小平理论最精彩的不是以村为基础，而是以产户为基础，就是以家庭为基础。到小康已经是以户为基础，电话到每家，电视到每家，互联网到每家。

另外，最近国家有一个重大决策，要办一个国家的网络电视台，因为在当今中国，网络也只有互联网的网站这种形式，才能吸收极大的内容。那么电视台又是一个可以控制的，尤其在安全上是可以控制的。这个用直接向城乡 ISP 收存内容的方法，理想的是可流畅地在线视频。我们刚刚从美国回来，他们的在线视频也是停顿、中断、等待这些问题，这次要彻底解决这个问题。

但是现在说互联网在数学上已经不是服从信息公路了，更像航空航线的概念，就是互联网的数学模型已经从服从转向幂律，我们根据数学模型考虑虽然文化是一个多元网站，但是没有用，最后就是几百个就够了，就是能够占领主要影响力，这是数学家给我们的帮助。其次是从多元文化可以分流出主流文化，这些可以给我们一些启发。要把这些信息安全搞好，整个国家就没有大问题，因为有数学分布可以证明影响力就在 80% 以上，吸引人的注意力，就这几个是主要的。

第二个问题，工程师发现自己设计的互联网是一个极大浪费的网络，为什么这么说呢？如果属于信息共享一个文件被很多人用，那么在互联网里面这样做是绝对不合适的。比如说我有一个文件要被他所用，我就一个一个传给他用，他旁边的人又要用，我又传递一次，而没有考虑两个相同节点当中，完全相同的内容要被传递百次、千次、万次。如果有记忆能力只传一次就够了，这种情况下在数学上发现了一个很大的浪费。我认为应该批判，批判互联网浪费带宽。浪费了多少带宽呢？清华大学两个学生做出了一个结果，文化流量大概占 95%，晚上甚至占了 97%，所以电子邮件、FTB 等这些加起来不过是2%～3%。如果数量分析分解掉,文化量被分解掉,其实互联网是挺好的互联网,挺宽敞的,也不要复杂管理,QoS 也没有问题。有时候数量逻辑解决就是把它越来越复杂,有的是用数量解决,数量根本分开了。

我提醒大家注意,信息科学是以物质科学为基础的,有了语义以后就是跟着主业走,主业是最重要的节点,把主业问题解决了,沟通也是很容易,所以 UCL 就从这里出来。我自己体会是有时候要向数学家学习,想想幂律给网络带来什么,网络是什么都往这里套好呢,还是适当要分离,我很欣赏"独联体"的翻译,独立联合体。网络就是在独立基础上联合,条件联合不是无条件联合。如果三网融合是一种无条件联合,永远做不到。

所以,我的看法是现在仅是历史长河中间一段路而已,过一段可能需要分解,我也不是说三个、五个合在一起是最好,有的时候是合得好,有的时候是分得好,就是说有时候复杂好,有的时候简单好。我们不要做这个规定,合的就是好,不合的就是不好,顺其自然一点好。什么事情顺其自然是最聪明也是最简单的,我的观点是这样,IP 出来了,但忽略了语义,对于共享的东西我建议要加语义。对于 IP 协议,有一个段落很少人用是私用协议用的规定,这部分可以做装载标语。

互联网是按照网络地址管理互联网,不管是否复杂都用网络地址,离开网络地址很难管理,但是我建议加一个"在一定意义"下,我的学生说现在互联网是拒绝广播的,在一定意义下设计一个路由器识别这个代码,信息包传过来的时候,中间经过很多人,每个人都可以下载,因此信息很快展开了。

互联网是什么,我的简单回答是互联网就是社会,可能这个回答相当有意思,为什么会发展那么快,尤其在中国,发展确实很快。

我的解释是因为它是一个社会以后,中国在追求的科学和民主的一个焦点交集。互联网现在看起来至少是民主的系统,对等交流的系统是非常民主的。但是它正在发展成一个科学性的系统,现在还不完全是。

我在想互联网这个名字,因为它是一个社会,按李国杰的说法,第三代互联网就应该是社会,第一代是科学家使用,第二代是 Web,第三代就是网格像一个社会,社会就是追求民主和科学的整合。互联网现在已经相当民主,但是还不够匿名制和实名制是安全核心问题,应该允许匿名制和实名制的存在,但是不要因为匿名制就否认了实名制的价值。有很多问题把这两个分开之后,我本身要做一个泛在镜像,泛在镜像我想树立一个作者必须实名制的一个系统,但是不妨碍作者可以匿名在网络上发表什么东西。实名制是公开的,有人要攻击的。一般就是两种处理不一样,要包容,在民主和科学之间需要架构一个交集,就像搞物理的喜欢说一个中子打过去是弹性反射还是非弹性反射,这两种都需要。匿名制容易引来更多老百姓参与,用户觉得安全,人觉得安全。因为匿名以后就不怕报复,但是政府觉得不安全,若随便讲话,社会觉得不安全,所以安全也是辩证统一的。

所以,我建议在考虑体系结构的时候,匿名制和实名制都要有,不要有实名制而反对匿名制。实名制要包容,未来网要有包容性。

我最后的结论什么是社会,互联网就是一个社会,为什么互联网还会发展很长时间,几十年还继续发展,因为它正在追求,目标还没有达到,就是科学和民主交集还没有实现。

网络演进与发展的思考

◎刘韵洁

目前 IP 网的问题是解决思路,我理解业界的一些看法,但是大家比较明确地感到这个网络不可控、不可管,实时业务的 QoS 保障不了,还有一个安全的问题以及可持续发展的问题,这些问题都亟待解决。但是不可控、不可管等问题的主要原因是 IP 网没有感知的功能,就是没有智能和测试,没有控制。所以,路由转化是通过静态拓扑方式,但是网络形式是随时在变化,从通信角度没有资源控制管理,网络出现故障的时候,网络本身不知道,是大家说的所谓傻瓜网,智能在中断。

但是设计时为什么没有考虑,因为 IP 网原来是为特定用户,即信用一致的用户互相共享资源而设计的,没有想到互联网会发展到今天的状态。解决思路也很简单,把浏览工程和 OAM 加在里面,是不是可以解决? 从逻辑和理论上讲是可行的。这个思路虽然目前是得到业界认同的,其中一个思路就是思科和 July 提供 BMD 的文稿(2005 年提供的),双向时效检测。

大家知道,改造往往比设计还更困难,所以现在又出来第二个思路,就是重叠网的思路,用来解决现有 IP 网的问题。重叠网是一个或多个已存在网络之上的网络,要解决的问题是需解决特定附加功能,在一个或多个方面改变下层网的性能、功能或特性。下层网改变不了时候,通过重叠改变互联网的问题,比如说解决组播、安全、QoS 等问题,CDN 就是一个重叠网的概念。

我重点讲一下未来网络的一些思考,同时把我认同的国外观点跟大家分享一下。

现在的互联网应该说是一个巨大的成功,我个人认为还没有一项技术像互联网这样对社会的影响这么广泛,这么大,是不可比拟的。但是应该看到互联网前面的一些问题,尤其是安全的问题,可持续发展的问题,可扩展性的问题,这些问题怎么办?而且考虑 10 年、15 年以后是不是还有这种情况,我们的安全问题,比如防火墙、补丁是不是可以解决问题。但是这个地方建了防火墙,那个没有建,也不解决问题,国外在思考重新设计互联网应该怎么做。

另外,互联网要考虑互联网的经济、社会这些因素,不单纯是一个技术因素,因为它对社会、经济的影响越来越大。另外就是驱动力,为什么要搞未来网络的问题,新的网络技术,原来是在个人 PC 机技术上发展起来的。现在随着移动通信发展,包括将来传感器、嵌入式处理器和一些其他的应用会对网络提出一些要求,我们现在的网能不能满足这些需要?国外在考虑这些问题。

原来是从网络讲是提供通道,变成一个平台,这也是大家都在关注的。再一个问题就是未来基础设施一定要跟现有互联网融合,因为如果离开现有的互联网,可以说是自掘坟墓。现在这么多的用户资源,是无法回避的。

下一代互联网的启动计划,美国有 FIND 计划,它的一个理念就是撇开原来的网络架构,不受现在网络的束缚。它列了 50 个课题,是美国国家科学基金提供资助的项目。在新形体系结构方面有 63 项目,关于内容分发有1 个,路由器有 3 个项目,网络虚拟化有 2 个项目,管理网络、安全、故障生存,网络感知测量,安全与隐私,无线移动网络,应用管理这些方面,有 50 个项目研究未来网络的基础。

这些成果之间互相呼应的,任何一个创新都可以在这个实验平台上验证,不管是什么思路、协议、路由地址都可以在这个平台上协作,但是也要强调和互联网之间互联互通。

这个是 GENI 计划的一个三层结构(图略),是几层不是很重要,关键是感觉层,控制层怎么理解,这就是分成三层。有一个观念,分析互联网的问题在什么地方? 现在结构协议的为什么没有办法发展和进步? 他认为,解释这个互联网协议,结构没有办法发展是根本的制约环节。GENI 接收了这个观点,未来网络 ISP 应该有两个独立实体组成,基础设施供应商和服务提供商。基础设备提供商提供一些通信设施的设备,一个一个的切片,向技术运营商提供服务。这样的基础设施,与 slices 来进行动态的调度,大概是这样一个思路。

这个是 GENI 一个设计概念图(图略),我认为,第一点,这个网是多业务融合的网,它既要提供传感器的网络,还要提供计算机,又要提供移动无线,我觉得从其他的资料也能看到,它是要提供一个多业务融合的网络。第二点,采用切片,即虚拟化一个技术,和编程的技术随时为服务提供商提供不同的服务,每个服务、每个切片可以有自己的安全等级,有自己的协议,有自己的要求。

这个网络是 2006 年启动的,2008 年年底已经完成第一阶段的工程的计划。到现在为止已经完成第二阶段的招标,就是把这样一个实验网,提出一个总体的要求,比如虚拟化的、切片的,服务和基础设施是分开的,把一些技术要求提出来,美国有五个单位分别进行竞标,然后由他们选择去进行。

日本也在做这样的事情。日本原来也是在演进的 IP 网演进技术上又提出一个新一代的网络,就是面向非 IP 的网络进行研究。

我想重点谈谈我们国家应该怎么办,我们的项目研究基本都是 IP 网络的演进、IP 网络的问题,比如说 IPv6 的应用问题,很多没有跳出现有 IP 架构的项目,还没有形成一个统一的意志和统一计划在做这件事情。这样做下去,只停留在 IP 网演进这个层次,对 10 年、15 年以后的网络没有项目在支持,没有项目做。这个事情尽管有风险,不论 GENI 计划、FIND 计划,是不是非要成功,我觉得也不一定。

任何一个技术都有周期,我相信现在互联网架构和有关技术也会有一个寿命周期,10 年没有新技术替代它,15 年可能有,15 年以后没有,可能 20 年有。只要社会在进步,社会要发展,总有一天要用新的架构、技术来逐步解决现有 IP 网这些问题。但遗憾的是我们国家还没有列入日程,没有形成国家关注的一个问题。

所以,我的建议之一就是该到要把 IP 网叫做 IP 后网络的时候了,我与李院士也在商量这个名词,是后 IP 还是 IP 后好,我们再研究。但是我觉得还是叫 IP 后好些,因为如果叫下一代,还是在 IPv6 这个圈子里面转,转不出去,怎么解释也解释不清楚。

用什么样的管理方法来管理? 必须举全国之力,全世界之力。目前有一个好的项目,即中国工程科技中长期发展战略研究的咨询课题,争取列到中国课程科技中长期发展战略领域当中。这个事情我觉得还不晚,国外就比我们早三四年。如果这个项目启动,我希望有兴趣、有资源的专家在这个领域做工作,大家共同把这件事搞起来。

下一代互联网的结构体系研究

◎罗军舟

我先简单谈谈泛在镜像的工作。李院士在他的实验室已经开始研究，在东南大学一些年轻老师跟随李院士做一个泛在镜像网站，验证里面工作做一些具体实践方面工作，也围绕"973"项目讨论跟清华大学同期展开基础理论方面的工作。我们主要做的是从泛式理论方法上面更加体现泛在镜像这样一项工作。

今天在这里简单介绍一下我们的体系结构，有位东南大学的老校长在30年前就做计算机网络，这在国内还是比较早的，这30年的主要工作在于体系结构，前面是OSI靠协议的实现，以及跟体系结构相关的一些工作。

随着互联网的发展以及下一代网络概念的出现，我们现在主要对下一代网络体系结构有一些想法和思考，也做了很多有关每一层的工作，想利用这个机会跟大家一起交流一下。从下一代网络讲，大家比较看好的下一代互联网，目前对现在互联网来说可以从这张图片（图略）看出来，发展非常迅速，应用发展也非常迅速，问题是今后有什么样的发展，大家很难预测，但是很渴望，总的说互联网越来越难以实现管理和控制。

从安全性来讲，对于网络的攻击手段非常多，我列举的都是一些常见的攻击手段，非常常见。像"红色代码"这个蠕虫，13小时就能使全世界的很多计算机遭到侵蚀，所以说网络服务的可信、可控，难以得到保障。

我们分析互联网有这样几个方面存在，第一，从体系结构说，已经不适用网络当前发展的状况，原来网络我们假定用户是友好和可信的，在当时设计时就考虑安全问题，现在用户应该不再是彼此信任的，有攻击者和被攻击者,有各种各样的用户、各种各样的人物出现。

第二,原来接入是固定设备接入,现在有大量无线的接入,边缘的设备也多样化,原来网络主要是负责数据传输。所谓边缘论,也不强调怎么控制它,现在我们要解决安全与资源的问题,需要充分的可控能力。大家知道,互联网是尽力而为的服务模式,但是现在我们需要越来越多的多媒体应用,包括 QoS。

从当前网络安全和控制机制来说,也有问题,可以看出来我们现在这种安全和控制机制是功能上单一、分散的,很难整合。体系结构是外挂的,不能解决这些根本的问题。这样一些原因使得我们要寻求一种新的体系架构,保证网络的可信和可控。所以,我们要提出来在下一代互联网上,从体系结构角度,能够研究可信性和可控性,保证新的体系架构下构建新的一种下一代网络。可信网络是网络和用户的行为,结果是可预测的。所谓可信性是在原来这样一个安全,主要是保障完整性、机密性、可用性基础上,增加动态过程的安全控制,增加闭环控制,能够构建一个安全体系,提高服务上的容错容侵的能力。所谓可控性,是整个要求保障实现网络资源动态管理QoS,这是我们所谓的可信性的基础。

昨天刘院士讲了,前几年国外已经开展了,有这样一些著名的计划,有GENI、FIND、4D 等。简单地介绍一下,GENI 主要是构建一个是实验床,原来工作是修修补补,先要从根本上改变这样一个体系架构。FIND 也是从这样出发,可以看出来,FIND 理念,将来 10～20 年,网是什么样的,我们应该怎么设计这个网,大家可以思考一下未来,而不是仅仅局限于我们现在的网络,它也是从根本上、从体系架构上解决下一代互联网是什么样子,大概在10～15 年之内。

4D 模型是 CMU 的张辉和 AT&T Research 的人提出来,主要是将控制分成四个平面,决策平面、发现层面、数据层面、分发层面,主要是把网络决策和执行分开,可以把网络决策逻辑抽象出来,在网络决策节点进行实现,达到对网络直接的控制。

AM 网络工作的主要思想是把各种各样的网通过这样一个连接层面,构建一个所谓的控制空间,由控制空间向上提供各种各样的服务。

欧洲的 NGI 也是这样一个思想,可以看出来这里有各种各样的网络,有WiMAX、Wi-Fi、FTTX、DWDMIP 等这样的网络。这些网络提供各种各样的服务,所以提出来一个思想:怎么从多服务网络构建一个多网络服务,这是它的主要核心思想。

从这些计划可以看出来,主要考虑网络行为可信性和网络的可控性,以及可信可控网络体系架构。所谓可信性主要包括两个方面,解决复杂异构动态变化网络环境下面,如何识别具有多样性、随机性、隐蔽性和传播性的网络异常和攻击行为的问题。另外,要研究服务的访问者、服务提供者、信息传输者定量和定型的可信性的表述和评估模型。

网络可控性有几个方面的意义,第一,探索一个相应的可信性增强模型算法;第二,在网络关键节点上要实施操作,目的是规范业务流,提供面向连接的特性,这样可以建立内在关联的控制机制,实现端到端的管理。

所以,建立这样一个可信可控的网络体系结构就非常重要,可以说从可信和可控体系结构可以看出来,可控可扩展性是两个方面,怎么样做到这种平衡,体系结构是这个可信可控体系结构非常重要的方面。所以说,在网络可信可控模型基础上,建设这样一个体系结构,从特破结构层次模型,要协议交互角度开展一些工作,这样满足可扩展性、可控和平衡性。

下面介绍一下我们做的工作,第一,从体系结构角度出发,从安全管理性、可信可控角度研究体系结构,首先我们构建一个一个参考模型,在这之前要建立一个设计原则,对参考模型进行评估。然后构建协议的层次模型,我们对这样一个可控可信的协议进行设计和分析。

第二方面工作,我们建立一个可信控制模型,主要研究网络的行为规律和控制机制,提供可信控制理论模型,及可用的控制方法,在理论方面和实践方面进行验证。主要有四个方面的工作:第一,对这样的可信控制模型和控制机制建立相应的算法;然后对控制对象信息进行模数、建模和处理机制;随后,我们做两件具体事情,预警系统和资源控制系统;最后,我们对控制模型进行形式化描述和分析。我们所进行的设计原则主要是想建立一致可信的控制目标,建立准确实时的连接视图,实施快捷的直接控制。

对于这样一个参考模型来讲,目前主要有这种三个平面的参考模型。现在国际上流行的管理模型,包括数据平面、管理平面、控制平面,我们所谓的4D模型,做到数据平面、分发平面、可信平面、决策平面。我们可以看出来,网络连接视图是从下而上,直接控制是从上而下,我们的目的是要达到可信的控制,通过决策平面。

可信决策平面将分散功能进行集中控制。可信监测平面负责管理和发现各种网络组件之间的关系以及网络组建行为可信性分析的证据。所谓可信分发平面,是提供连接各平面间相应的传输通道。在协议层次模型当中,通常的层次模型是下层向上提供服务,上层使用下层的服务,这是传统的一种 OSI 的体系架构。现在我们新的体系架构称为综合的协议框架,想法就是能够实现跨层的协议的交互。同时,协议层之间能够进行共享,构建一个所谓的共享决策模式。两方面将状态分析逻辑相关信息由本层扩展到相关层,将各层独立实施网络控制,变成多层间动态适应关联控制。

我们也想做这些工作,在一些平台上做一些验证的工作。首先,在 CERNET 上建立一个多安全等级的实验床,然后建立分级信任控制模型,把控制模型相关可信可控协议,在这个实验床得到验证。所以,这项工作一方面要验证,第二方面要解决一些相关技术,以及相关的一些问题,为我们体系架构的工作提供一个实验的环境。

最后,我们这个体系结构在 IDCS 召开的国际网络会议上做了一个 Workshop,希望全世界有识之士大家一起讨论。

网络体系架构是大家共识的框架,协议是相互交互,如果没有共识,很难达到相互之间的交互通信，因为它靠的是协议，原来的框架太死板。现在要做非常个性化，这也是一种创新。原来的体系架构相对简单，大家都可以通过遵守这样的标准，互联网就是这样，当时大家希望沟通，能够有更多的人接入。现在要更加体现个性化，希望在这个项目上面，不仅能够通信，还存在更多服务，很多网络服务希望有自己个性化的要求，不希望架构太呆板、死板，所以这就是矛盾，是问题的两个方面。

大家认为下一代网络还是这张核心网，但是很难，有可能移动网带宽变成 100 兆，互联网要退到第二位了。现在要研究这些不管骨干网是其他的网络，关键是处理上太多，处理很慢，节点之间通信很快。因为光纤通信，关键是处理慢，主要是协议通信，如果不做跨层的，必然会带来现在的问题，安全性很难保障，控制很难做到，QoS 个性的东西很难得到保障，必然是这样。十年前很多人研究，节点上怎么增加速度，实际上算法决定协议，算法构建了，协议处理得太慢。

我想下一代网络就是要去审视这些事情，今后路由是不是存在，体系架构是不是做一些变化、改动，协议是不是要做一些变动。

高速移动网络面临的机遇及挑战

◎牛志升

　　我先谈谈如何解决在高速移动的空间里获得宽带多媒体信息的问题。宽带普及需要解决频谱资源和服务质量、用户容量关系,宽带用的带宽比较宽,需要很好的服务质量,这在无线里面受约束比较多,在有线里比较少。高速移动在提供宽带业务面对更大挑战,仅仅要用到一些的频段,高速执行化肯定没有办法解决,因为它衰落得特别快,仅仅靠现有单位波技术还不够。因此,高速移动网络在迎来很多机遇的同时,也面临诸多挑战,

　　现在无线频率资源越来越紧缺、昂贵,难以满足我们日益增长的服务质量级,用户容量要求,高的频段难以支撑高速移动和室内接收。而且随着蜂窝越来越小,它面临频繁切换的问题,这些问题都会是它的"瓶颈"。其中有一个思路,我们能不能充分利用无线信道广播特性。我个人认为宽带移动业务,一般讲是指图像业务多一点,图像业务跟语音数据在宽带使用方面不一样,还有一个更大的不一样,通常讲上下是不对称,很多人对这个业务感兴趣,不像语音是一对一的,所以有一点趋同性。这两个特性正好使我们可以利用广播的特性,拥塞用户问题可以解决,数字化之后完全可以融到通信网有非常大的带宽和广域覆盖。

　　现在的所谓MBMS或者叫BCMCS将来会开辟一些专门通道,在北京举办的奥运会已经做了试播。广播网本身就是一个广播通道,我们国家已经有了自己的标准,一般讲是可以的。现在有一个新的概念是能不能将来把这个广播网跟通信网融合在一起。因为广播网原来是模拟的,没有办法进来,现在已经可以了,单靠广播网有很多优势,但是没有就做不了互动,广播

只能广播图像业务,广播数据业务要压缩视频、音频。但是压缩就不能有错,必须要有回传,但是在广播网里面没有办法回传,而在广播网里专门做一个回传通道是不现实的。所以,能不能将其构成综合的网络。

还有,一个广播通道越充分,说明它对移动通信信道和对互联网带宽利用率就更高,因此也就分流了很多这样的业务。在日本已经开始了 BC-MCS,现在我们播手机报没有点对点,用户容量上来以后根本不可行。

基于通信和广播融合网络融合的情况,我们也提了一个新的服务模式,叫软实时服务模式。就是希望通过支撑互联网,互联网上的数据怎么能够通过无线手段拿下来。我们通过数据挖掘,或者是智能信息管理及多用户分析用户的偏好,经常上哪些网或者有哪些信息;或者用户也可以定制,通过广播,送到终端。如果有需求先在本地找,基本可以解决实时性的问题,如果本地没有再到网上找。基本上可以做到准实时,而且还有个性化的东西,通过这种定制用户偏好分析还可以实现个性化的概念。

我个人认为,将来实现高质量,低成本宽带移动业务提供的一个新的思路。这里面把通信跟广播结合在一起会有很多新的问题,从网络角度讲,单波信道不太适合数据压缩,怎么提供一个可靠的传输,ARQ 是否需要更改,如何解决通信跟广播网两个不同网关的问题以及如何调动这两种资源的问题,都有待我们继续研究与解决。

对于上述问题,我认为这是关于软实时服务模式怎么用低复杂度办法分析用户行为,互联网资源的语义怎么描述的问题。

当然还有一个用户偏好的分析和个性化推荐,为此我们也做了一些工作,通信跟广播融合之后,除了数字电视业务外,针对怎么提供数据下载和互联网接入,我们也做了一些工作。最基本的是设计了一个中间层叫 SNDU 层,这个帧怎么设计,带宽怎么分配,我们也做了关于协议的设计,细节不再讲。还有一个问题,做可靠传输要确认,但是如果大家都确认上级信道就堵了,就要用 NAK 的模式,这是 TCP 协议的一些改进,怎么做 RELIOPLE 的

MULTICAST,怎么做本地重传,这些我们也做了一些工作。

为此,我们还在清华大学校园里面做了一个实验,主要是把中国的数字电视标准和上行的 CDMA 的标准放在一起。现在我可以实现这样一个场景,通过广播信道正常看电视节目,我们有服务器,有很多下载压缩的文件,可以开四路。每个文件上十兆、几十兆,通过广播网下载会非常快,而通过 GPRS 下载要几个小时。因为清华数字电视通过广播,标准下行 140 千米时能够做到 30 多兆每秒。

总之,加快基础网的建设,对网络进行扩容优化,提高上网速率。宽带多媒体网是对中国电信现有网络的充实和完善,加快宽带接入网的建设步伐,不仅能满足目前的通信需求,也为未来的图像通信等多媒体业务的发展做好技术准备。

未来网络研究思路与方法的思考

◎邱雪松

这些年来,我们一直做国家自然基金和国家"973"的项目研究,主要是对网络体系结构、管理和控制方面的研究。经常遇到有人问体系结构好与坏,我们自己也有一些思考。

第一个思考,国家"973"计划有三个和网络体系结构相关的项目,一个是清华大学吴建平老师研究的基于 IPv6 的演进性网络体系结构,还有就是张老师的项目,大家说是一种革命性的体系结构。我们这边孟洛明教授也承担了一个"973"的项目,叫可测可控可管的 IP 网的基础研究。在交流中,有人问你研究的东西是演进的还是革命的? 我们也不知道,回答不了;第二个问题是你觉得演进性好还是革命性的好? 我们想想,这个也没有办法回答。在后面我们思考这个问题和研究的过程中发现,互联网有很多问题。一开始在 2000 年左右,有人在做 QoS,几年以后发现 QoS 解决不了,就不了了之了。后面做互联网协议,都说是科学问题,我们发现现在世界上有很多新提出的体系结构,程老师提的 4D 体系结构,欧盟国家及美国也提出很多的体系结构,最知名的大概有 8 种新的体系结构。我们想按照现在这种方法研究有没有问题,有没有可能解决一个更基本的问题,解决这样一个问题后这个体系结构只是它的一个特例。大家知道 GENI 计划是世界上未来互联网研究最知名的一个计划,首席科学家叫 David Clark,2007 年提出来下一代互联网里面最根本的问题,或者最大挑战是什么? 他觉得不是体系结构,而应该是测量、分析和建模,建立好模型,可能一些体系结构的问题都可以解决。2008 年,GENI 成立了一个办公室,2008 年 9 月最新发表了一个白皮书,里面把网络的研究或者互联网研究分成三类:第一类是科学的问题;解决科学问题以后,有哪些技术问题要解决,属于第二类;解决了技术问题说这个网络怎么用,属于第三类。他认为安全是社会问题。其实我觉得网络安全问题并不是网络本身的问题,IP 网有安全问题,电信网没有安全问题吗? 同样有安全问题,数据网同样有安全的问题,并不是网络本身的问题,只要用都有安全的问题。这里我们说体系结构是技术问题,不是一个科学问题。体系结构是什么样子,是一个技术问题。科学问题是什么,研究网络本身复杂性,做测量,进行建模预测。所以我们认为,要解决 IP 网络问题,从科学问题研究角度应做模型的研究。我们提出来,下一代互联网未来应该怎么做,传统方法是先把体系结构定好,在体系结构里面写一些协议。这种体系结构,每个人都说自己的好,我想有没有可能有一个新的思路,不是建一个体系结构,而是建一个跟体系结构有关的模型,体系结构或者系统结构只是模型的一个实例化。这是我们想说第一个思考。

第二,我们在项目研究中发现,单纯研究 IP 网网络这一层的东西,可能有些问题很难解决,有没有可能把 IP 网相关的层综合起来作研究。我们在 IP 光网络里面作了一些研究,把光网络资源和 IP 网络结合起来,支持 IP 网络。现在光网络对 IP 网而言,大家认为有无限大的带宽,但对搞电信的来说,光网络也是一个非常复杂的东西,可以在上面做一些事情。还有,一般认为 IP 底下物理层的带宽是不可变,搞计算机网络的人认为是天经地义的,但是搞电信的人却不是,所以我们研究了如何使光波资源的自感知自动支持 IP 网。我们做了一些这方面的研究,也看了一些国际计划,GENI 里面说到这样的事情,FIND 也要考虑这个光,还有欧盟 FP 计划里面也说要这样做,支持光网络和 IP 综合研究。我们想这只是一个特例,有没有可能这样,不要只单纯考虑 IP 网,而是综合考虑 IP 网和上面应用的关系来解决 IP 网遇到的一些目前解决不了的难题。还有,考虑 IP 网和网管的关系,现在两者是分离的,像程老师说的自治网络,就是把网管的东西放在网络里面做。

有没有可能再开扩一点思路,把 IP 网和 IP 网所在的环境建立起来进行整体研究,综合建模和分析,看能不能解决一些问题。这是我们想说第二个思考。

总结一下,我们认为体系结构不是一个科学问题,有没有可能更进一步解决更基础的科学问题,从而解决现在体系结构怎么评价和体系结构本身的问题? 第二,是应该把 IP 网和它的环境综合起来考虑,不要像现在大家一直盯着 IP 网,可能有些是 IP 网本身就是解决不了。

电子信息网络的惊人发展

◎沙　踪

　　我今天准备谈谈电子信息网络发展的一些概况。我不是专门研究计算机网络的,说得不准确的地方,请大家随时指出和纠正。

　　人类现在生活在一个网络世界,各种各样的电子信息网络为我们提供服务。电讯网络已经从原来的仅仅是一种通讯手段,变成了支撑整个社会运作的重要基础设施。电子信息这个词,已经使用多年,习惯成自然。但是现在看来不很严谨。以前认为电子学包括光电子在内,现在光子学(Photonic)发展很快,已经成为一门独立的学科,例如光纤通信已经成为核心网的主要承担者,再说电子学就包括光子学在内,似乎不太确切。假如仅仅说信息网络,信息一词又似乎太宽。怎样更确切称呼我们现在的"电子信息网络",有待研究。在没有更好的命名之前,我们还只能用电子信息网络这个词。

　　人们要交换信息,要共享计算机资源,都离不开网络。在电信技术出现之前,人们只能们面对面地交流。后来出现了电子通信,可以远距离地异地交流,但也只能点对点的交流。网络的出现和发展,才使人类的交流方式有了质的飞跃。

　　电子信息网络的种类很多,雷达网、测控网、遥感网等,不胜枚举。所有这些网络,多用到计算机技术,其实质都是计算机网络,现代电信网络的核心是互联网。许多的其他网络都要用到互联网,互联网的 IP 体制成为压倒性的体制,现在提出 All IP 的口号,不无道理。所谓下一代网络,NGN,也主要指互联网今后的发展。

现在,互联网风行全世界,据说在全球 60 多亿人口中,有 10 亿人在上网。在发达国家,几乎人人都不同程度地和互联网打交道,我国有 2 亿~3 亿人在上网。一句话,互联网是当今涉及和影响人口最多的事件之一。但是,互联网的出现时间并不太长。一项崭新的技术,在短短的 20 多年的时间里,就发展得如此普及和广泛,确实是一个不小的奇迹。

互联网所创造的 Cyberspace,有人翻译成网络空间,有人译成电脑空间、虚拟空间,还有人音译为赛博空间。这些译名似乎都还没有体现出其中的韵味。我认为这就是互联网技术所创造出来的一个空间,人类现实世界之外的一个电子技术空间。在这个空间里,你几乎可以办任何事情,可以学习、游戏、经商、交友、恋爱,可以寻找资料,可以讨论问题,可以和朋友、亲人交谈,可以发表文章,可以寻找你所需要的信息,可以订票,预定旅馆……这样的一个空间是电子技术创造出来的,是以前所不存在的。而且今后还要继续往前发展的,最终会发展成为什么样子,现在还难以估计。

上面已经提到,对于这样的一个发源于西方的新生事物,首先就会遇到命名的问题。Cyberspace 没有传神的译名,同样,"Internet"一词也存在翻译的问题,如因特网、互联网、万维网等。我参加了国家名词委员会的讨论,最后定名为互联网。其实这不是一个非常理想的名词。互联一般都理解为计算机和计算机之间的连接。但是我们现在的"互联网"已经不仅仅是计算机和计算机之间的连接,更重要的是人和计算机之间的连接和交互。或许叫计算机与人的共生(Symbiosis)体,更能体现其实质。

互联网的发展,得益于几个重要的技术创新,划时代的创新。它们是信息的数字化,信息包的交换以及万维网(World Wide Web)。其他还有很多发明创造,但这几个是关键性的。特别值得一提的是伦纳德·克兰罗克(Leonard Kleinrock),他在博士论文中,从数学角度,论证了"分组网络"的理论基础,以及分布控制的概念。这是互联网的理论基础。以往的通信网络是都是电路交换,一对用户通信,就交给你一对电路,别的用户不能介入,效率很低。分组交换是将信息切割成许多分组,也叫包(packet)。每个信息包长度一定,除包含信息内容外,还有包含地址等消息的报头。这些信息包分别传送,各个包不一定走相同的路径,到达终点后再组装在一起。互联网聚集了许多先进的电子技术,但分组交换是其核心技术基础,即所谓的 IP 体制。这主要是克兰罗克的贡献。当时克兰罗克不到 30 岁,在博士论文中就作出如此巨大的贡献。这对如何改革我们国家的教育事业、研究生培养,也许有一定的启发性。

互联网今后的发展,有各种不同的预计和展望。仁者见仁,智者见智。我认为,总的发展方向是带宽更宽,速度更快,网络更加安全,进入更加容易,覆盖范围更广,在网上能够办更多的事。使得在任何地方,任何时间,用任何简单的设备都可以进入。未来,更具发展动力和发展空间的将是边沿(edge)网,而不是核心(Core)网。最大的精力将花在无线电能力(wireless capability)的发展和提高,资源和设备的更加有效的布局上面。

电子信息网络的种类很多。当然,互联网是主干和核心,其他的网络都要不同程度地利用互联网。但是,除了互联网以外,其他的网络的发展也值得关注。我这里准备举几个例子来说明这个问题,它们是网格(Grid)计算机网络、云计算机网络、电子认证(RFID)网络、Ad-Hoc 传感器网络。

网格计算网络的发展已经有些年头了,世界上已经出现了许多网格网络系统。通过网络将分散在各地的计算机资源整合起来,解决单台计算机,哪怕是世界上最大的巨型计算机都无法解决的重大科学技术问题,网格网络因此就应运而生。举一个例子,大型强子对撞机(LHC,The Large Hadron Collider)的网格网,它是目前最大的网格网。这台粒子加速器建造在位于瑞士日内瓦的欧洲粒子物理实验室。加速器的圆周有 27 千米,周围布满超导磁铁,可以将粒子加速到 7 万亿电子伏。可以进行许多在别的地方无法进行的科学实验,如物质的微观结构、宇宙大爆炸等。为充分发挥这台加速器的功力,组织了一个巨大的网格网络系统。有 35 个国家的 150 多台大型计算机加入这个网络。每年要处理 15 Peta(10^{15})bytes 数据,并且要及时地将这些数据分送给分布在世界各地的4000多名科学家。这样的任务,只有网格网才能完成。

最近国际文献上报道非常多的是所谓云计算(Cloud Computing)。什么是云计算?说法很多,还没有一个严格的定义。有的人非常乐观,认为云计算将改变整个 IT 产业的面貌;有人说云计算就是互联网向商业应用的发展。我认为云计算是追求计算机资源在用户和服务提供商之间的,更合理、成本更低的配置。为什么叫云?这个名词可能是借用了量子物理中的"电子云"(Electron Cloud)的概念,强调说明计算的弥漫性、无所不在的分布性和社会性特征。

将来,计算机资源可能主要配置在各种各样的"资源云"中,也就是配置在服务提供商。用户只要一个简单的设备,没有程序,没有存储器,就可以要求"云"去完成各种计算任务,计算结果也可以存在那里。当然,这种资源分配也可以是变化的。在用户手中,可以完全不保留计算结果,也可以保留部分结果,可根据用户的喜好而定。

云计算系统的设想是很诱人的,而且也是合理的。现在已经有不少系统在应用。今后是否能够如预计中的那样发展,除技术因素外,价格低廉是决定性的问题。一种新技术是否能够推开,除技术上先进性以外,更加重要的是要价格低廉。我国平均经济水平还不高,而且传统崇尚节俭,移动通信的 3G 技术推开了多年,但是最简单的小灵通还有人留恋,这就很能说明问题。

还有一种极其具有发展潜力的网络,是 RFID(Radio Frequency Identification)网络系统。无线电认证系统已经发展好些年,在商业和工业界特别受到重视,我们学术界可能对它注意较少。这是一个非常有发展前途的技术,经济意义特别重大。最近有人提出了智能物件、物联网这样一些概念。也就是说,将来每个物件,甚至于包括每个人,都有一个 RFID 的标签。通过网络可以寻找、发现、监视所有这些职能物件。

传感器网络是一个范围广发的概念，包括气象监测网、空间探测网、地球表面测控网等，这里没有时间去涉及。Ad-Hoc 网络不需有线基础设备，没有作为中心的主站，通过个移动的传感器单元，相互接受、转发信息，实现组网的通信。它又叫做多跳无线网络，网络的各个成员可以相互沟通、转递信息，自动地构成网络。AD-HOC 网络技术在国际上发展很快。有人设想，将来传感器可以做得很小，可以做成蝴蝶、蜜蜂之类的形状，散在地面和空间，通过自发组成 Ad-Hoc 网，将信息传送到指定的地方。人不知鬼不觉地获取对方的信息，这在军事上有重要的应用。

最后，想提一下"三网合一"的问题。技术上完全具备，IP 电话、IPTV 技术都已经很成熟。一根光纤，所有的信息，包括电视、电话、传真、多媒体，都可以进入家庭。但是我国存在行政管理体制问题，广播电视部门不仅是"服务提供商"，更重要的是宣传主管机关，网络设施能否高效利用是第二位的问题。目前，还看不出"三网合一"会有实质性进展的可能。

未来网络新架构的技术问题研究

◎ 石志强

节省能源,而不是浪费能源。我认为李院士的方案并不是在每个家庭里设置一个接收机,法律也不允许中国每个家庭里面搞一个卫星接收机,卫星接收机是放在小区范围,是不是把所有内容都接收下来呢？也不是。比如说可以成立一个小区联盟,比如说由 10 个,或者 100 个小区构成。每个小区存储部分网络信息,用户要数据的时候,首先访问自己所属于的主数据存储服务器,没有对应信息的时候,由主存储器访问它的盟友,从它的盟友获得更多的信息,然后他再把这个数据传到用户这里。比如,上海一个网站的数据通过卫星广播到北京的一个小区联盟,北京用户访问这些信息就可以由北京的小区联盟提供,而不必使用北京到上海的广域网传输通道了。

我们目前参加了张老师负责的"973"项目,从 2006 年就开始研究新一代的可信网络。在立项之初,张老师就提出要着眼于未来,要想到未来十年、二十年之后网络应该怎么样,从可信网络的原理和机理上取得进展,设计未来网络的新架构、新模型,张老师的指导对我们有很大的启发作用。这个"973"项目起步很早,在国外 GENI 计划还没有正式启动时,我们的"973"项目就启动了。

我们研究所的一个主要任务是做拥塞控制上的研究工作。现在互联网拥塞控制是一个大问题,特别是 P2P 的下载,造成网络域间互连接口和用户边界拥塞严重,我们就是在这块研究新的技术来支撑将来的网络发展。拥程首先从 TCP 开始塞控制发展历的。

首先我们看看 TCP 算法的问题,这是 TCP 的一个经典公式(图略)。经过转换可以看到在带宽固定的情况下,延时和丢包率两个指标是互相对立的。要降低延时必会增加丢包率,降低丢包率就会增大延迟。在拥塞发生时,带宽有限的情况下,TCP算法不能在这两个指标上同时优化。

目前,要求TCP支持的速度是越来越快。XCP可以提供较高的速度和较好的性能,但XCP还是一个理论模型还没有真正使用,而且这种终端侧的控制技术还是难以保证公平性。

起初,研究人员采用随机早期检测、显示拥塞通知等方式在网络侧提高TCP性能,但是这些方案都难以保证公平性。后来,由张辉和他的学生一起提出了核心无状态公平队列(CSFQ)。CSFQ其实是一个开环控制结构,当数据流进入网络时,由边缘路由器测量数据流的速度,并标志在数据包头上。到核心网络后,核心路由器为每个流提供一个公平带宽。核心路由器的计算复杂度是多少呢? 是$O(1)$,非常低,这个复杂度是没有扩展性问题的。

CSFQ是一个开环拥塞控制,还是存在很多问题。一个问题就是CSFQ是无法避免拥塞崩溃的。这是一个很简单的拓扑结构,终端T1和T3共享一个5Mbps的物理链路,按照公平性原则,终端T1和T3各自获得2.5Mbps的带宽。但终端T1到T2的最末端物理链路带宽是1Mbps,如果数据流是非弹性的UDP流,共享链路的1.5Mbps带宽就浪费了。这就是开环控制会出现的拥塞崩溃问题。

另外,就是公平性问题。在这个拓扑结构下,终端T1拥有3条连接,而T2和T3均只有一条连接。这样终端T1在共享的拥塞链路就获得了更多的带宽资源。对于P2P文件共享业务,由于其连接数量众多,占用了其他传统网络应用的大量带宽,形成了带宽资源分配的严重不公平。

我们考虑未来网络拥塞控制算法,应该在网络层上是一个闭环的控制架构。在数据流的传输过程中要感受这条传输路径的拥塞度。网络控制终端用户进入网络的令牌速度,而不是控制数据流的速度。当网络拥塞时,单位数据包消耗的令牌数量就多,从而能进入网络的数据流就低;当网络空闲时,单位数据包消耗的令牌数量就少,从而能进入网络的数据流就高。由于总的令牌速度是限定的,用户使用空闲链路消耗的令牌资源就少,这种方案鼓励终端用户去使用空闲的链路传输数据。这种激励机制,让用户去找到好的方法和路径,在空闲链路的传输数据,取得网络资源的最大效用。

边缘路由器根据网络的拥塞度,计算输入数据包消耗的令牌数量,进一步控制终端消耗的令牌速度就可以了,计算复杂度很低。核心路由器根据输出链路的拥塞情况自适应地调整其拥塞度,对低于该拥塞度的数据包,按照一定概率随机丢弃该数据包,并把输出数据包的拥塞度调整为输出链路的拥塞度。从而保证终端用户公平合理地利用网络资源。

采用这种闭环的总量控制方法,就可以避免 CSFQ 出现的拥塞崩溃和公平性问题。可以保护传统网络应用不受 P2P 文件共享的冲击,保护 TCP 应用不受 UDP 数据流的攻击。

现在更严重的是很多流媒体服务已经采用 UDP 来传输了,PPStream 提供的视频服务就是用 UDP 包来传输。这些 UDP 包对传统网络的 TCP 流有很大的影响。但是在我们拥塞控制环境下是完全可以保护 TCP 流的,避免它受到 UDP 流的冲击。

黄兵:

广播的目的是要节约带宽,而且主要是节约无线带宽。由于采用卫星广播来传送数据,接收机的终端数量是没有限制的。

下一代网络的通信机理和结构

◎孙利民

下一代网络的通信机理和结构主要是无线传感器网络。无线传感器网络作为一个集信息采集、传输和处理于一身的新兴无线网络，在现代工业、农业、航空、医疗、军事和反恐等领域，都具有广泛的应用前景。世界各国对无线传感器网络都非常重视，我们国家也同样重视，在国家"973"计划、"863"计划和重大专项中都设立了无线传感器网络方面的项目。目前，无线传感器网络面临的一个问题是还没有杀手级的应用，处于一个比较尴尬的局面。国际上传感器网络的研究已经好几年了，我们国家也已经热了五六年，从研究来讲，目前可能没有那么热了，从顶尖的国际会议来看，无线传感器网络方面的论文数量已经不再是逐年递增的，正处于下降的趋势。但是，对传感器网络也不要太着急，互联网从 TCP/IP 协议的提出到 Web 应用也经过了十多年，Web 应用推动了互联网的广泛应用和发展。

今天沙龙的主题之一是传感器网络体系结构，这是传感器网络的基本问题，很多人在研究这个问题或相关问题。关于无线传感器网络的体系结构，国际上比较著名的是美国 David Culler 教授提出一个 SP 结构，SensorNet Protocol。互联网的架构是 TCP/IP，定义了 IP 的分组格式，具有良好的扩展性，其上层能够支持非常丰富的应用，在底层也能够支持发展非常迅速的物理层和 MAC 层协议，互联网有一个细腰是 IP。David Culler 教授试图找到无线传感器物理的细腰结构，认为由于不同 WSN 应用需要不同的通信模式，使用不同的路由协议，传感器网络不能使用相同的网络层协议，其细腰在网络层和链路层之间，基于 best-effort 的无线单跳广播，需要提供丰富的接口,使得上层多个网络层部件可以针对下面潜在的链路层进行优化。

我认为,对于未来无线传感器网络的架构,应该像现在的互联网,节点功能单一,如集线器、交换机和路由器等。无线传感器网络概念最早是美国提出的,希望其体积小、价格便宜,同时希望它的功能比较强,能够完成信息采集、处理和传输等功能,这本身是相互矛盾的。现在的无线传感器网络的研究多数基于节点同构的概念,节点既是信息采集的节点,又是路由转发节点。我们认为,未来传感器网络跟互联网一样,有些节点专门负责信息采集,有些节点专门负责数据的传输,是一个节点异构的分层结构的网络。我们正在参与传感器网络的国家标准化工作,网络架构的草案是分簇的层次架构。

最近在无线传感器网络的研究方面,提出了 DTN 概念,就是延时容忍网络。它的原始概念来自于美国 DARPA 计划的星际互联网络 IPN,在 1998 年左右美国研究人员提出了星级互联,认为地球上互联网的应用很好,并试图在星球之间做一个星际互联网络。实际用途是地球上的人类通过星际网络,控制其他星球上的科学设备或仪器。K. Fall 等研究人员在 2003 年提出 RFC 草案时,希望把这个概念泛化,特别是应用到地面无线网。但是,IPN 网络的通信基础是星球之间周期性的连通,采用存储—携带—转发的通信模式,逐步地把整个消息从一个星球上网关节点转发到下一次遇到的星球上。

很多传感器网络的应用能够容忍一定的延迟,如环境信息收集等一般不是实时应用。采用 DTN 技术借助移动节点的协助实现信息的收集,能够降低整个系统的成本以及利于传感器网络的大规模应用。目前,很多研究人员都使用 DTN 的概念,但其内涵已经与最初的 DTN 的通信协议相差很大,相同之处是采用了存储—携带—转发的通信模式。

现在的互联网包括蜂窝网络,在很多地方的网络覆盖很好,但是如果长时间大规模使用蜂窝网络进行数据采集和传输,价格太贵,大家也用不起。

能否通过 N 网络,也就是我们称的机会网络,利用车载或人们随身携带的便携设备实现数据的传输,我们称为低成本高可用性的无线服务。比如印度在农村提供上网服务,欧洲有 CarTel 系统利用行驶的车辆形成一个数据传输的网络,对车况、路况和环境等信息进行监测。这个网络费用是非常低廉的,利用行驶的车辆、移动人携带的设备形成一个无线传输网络,我觉得这可能是网络互联网的一部分,泛在化的、无线接入的网络,值得大家进一步关注。

未来网络体系架构的发展演变

◎ 王文东

现在做网络体系架构研究,大家想到很多网络体系架构本身的问题。未来网络体系架构发生了变化,未来的节点和设备都会发生变化。

全球互联网能源消耗占总耗能的5.4%,据美国统计美国互联网能耗占全国总量9.3%。据报道,我们国家的能耗占不到1%。

我们在想另外一个问题,在网络演进的过程当中,可能需要借鉴刚才孙利民讲的所做的一些努力。实际上,我们想在未来网络设计原则中,应该考虑怎么样做成一个绿色的网络设备。3G出现了以后,基站覆盖越来越少,也越来越小。现在基站都要有空调,爱立信提出来基站可以是一个烟囱式的,基站放底下热就吸上去了,可以在基站上不使用空调。据说是2009年20项最有潜力的产业技术之一。

从互联网发展趋势来讲,互联网现在越来越膨胀,计算能力、CPU计算能耗都越来越高。在未来设计当中,我们怎么样考虑这些问题?以我的理解,原来程控交换机在做的时候用户电路上还考虑能源,打电话时用户电路就启动起来了,不用的时候就低能耗。在IP网中,以太网交换机在没有交换的时候就低功耗了,将导致网络供电供不足。

实际上,我们在想Juniper(音译),这个问题也应该考虑,据说现在已经能做能量感知路由技术,在网络流量下降到一定的程度时,可以把设备里面某一些端口关掉,用一些端口来进行共享和转发。我觉得国内也应该在这方面做一些研究,能耗可能也是我们科学工作者应该考虑的一个方向。

未来网络设计体系研究

◎张宏科

　　我们首先看看现有网络的状况。在全球有 40 多亿电信网用户,在我国的用户数突破了 9 亿;在互联网方面,目前我国上网用户数接近 3 亿。现有网络存在的很多问题,大家比较了解。今天和昨天很多专家都讲的比较清楚,我把它简要回顾一下。以互联网为例,说明为什么现在还要设计一个新网? 现有的互联网,不管是 IPv4 还是 IPv6,设计的时候都是以传输数据业务为目的。设计者在当时没有考虑到要用这个网络来传输语音、图像、视频。所以,这个网络从设计上有弊端。

　　从可信角度上来看,我们是这样理解的:①要做到绝对可信还是比较难的;②我们认为,未来网络在安全性、可控性、可管性方面不能差,否则,我们认为网络是不好的、不可信的。但是每次都提这几个词也不好,我们将其统称可信。在国内学术界,不同的人对可信的含义有不同的理解。有的认为网络可信就是 IP 地址真实化。我们要避开这些差异,尽可能让网络在安全性、可控性、可管性方面尽量好。互联网在安全性、可控性、可管性就比较差;移动性方面也是一样。传统互联网设计的时候是以“有线固定”为主进行设计的。大家都知道,有线连接是固定不动的。要在无线移动环境下使用这种网络,也是不适应的,从架构机理上不能有效适应无线移动环境。

　　很多老师在昨天和今天也提到了这些。为什么会有这些问题? 归根到底是互联网(不管是 IPv6 还是 IPv4)的原始设计有问题:IP 地址在语义上具有双重性,它既包含了用户信息,又包含了位置信息。现在,我们把用户信息和位置信息分离,分别用不同的标识来表示。这种方案可能解决前述问题。

现有的网络基本上可以分成三大类:打电话用的电信网、传数据的互联网络,还有广播网络。所有这些网络的原始设计思想都是一种网络支持一种主要服务,这不难理解。电信网最早是为打电话设计的,是一种树状的拓扑结构。它也可以用来做高速视频传输,比如电视会议,可视电话等。我读大学的时候,大家就说要大规模使用,但是到现在都没有大规模使用。其根本原因还在于:电信网要做视频传输,如要做高速数据传输就不太理想,因为是它是树状网,不可能有网状网快。

我们过去讲三网融合,实际上有一部分人认为:在一种网络中运行其他网络的业务就是三网融合。比如,电信网上传视频、传高速数据,或者在互联网基础上传输电话、视频。但这些只是应用层面的融合,而不是从网络设计本身考虑三网融合。况且,三种网络的工作机制有区别,要一种网络去承载其他网络的业务、兼容其他网比较难,需要重新考虑设计新的网络。

所以,未来网络碰到了原始设计的问题,必须要重新设计,有可能是网络发展过程中又一个大的变革。这也是为什么全世界都把未来网络的设计当成重点,为什么全世界都在这个方向投入巨资开展研究。

昨天有好几个老师对 GENI 计划讲得比较细。我强调一个时间点,GENI 计划 2005 年开始启动,2008 年 1 月真正启动课题,才有丁点的思路并实质性地往前走。FIND 计划的主要目标是设计未来互联网,2006 年提出来,2008 年初启动了四十几个课题,其中网络体系方面的课题有十几个,其他的包含服务质量、安全、移动等各个方面。FIND 计划的各种方案都是新的,但它真正启动是在 2008 年初。我们到现在还没有看到相关研究成果。

对 FIND 计划的 40 多个课题,每个课题做了什么,我们都有很仔细的研究分析。我们希望做到知己知彼,别人有什么好的地方,有什么不足的地方,都需要了解,我们的研究队伍有 100 多人,我是负责人。欧盟的 FIRE 计划在 2007 年提出来,在 2008 年 10 月列出了很多研究课题(图略)。蓝色标记的是重点做的;红色标记的是综合性、补充性的;还有可管理性方面的。FIRE 也是以设计一个新的互联网为目标。今天早上我在电视上看到:欧盟在 2009 年、2010 年两年拟投入 50 多亿欧元做互联网和能源方面的研究。我们看到这个消息都很激动。FIRE 计划的每一个课题怎么做、做什么东西我们都进行了研究,比较清楚。

国家的"973"计划中,在网络方面有几个项目。2003 年清华大学的项目,主要是研究 IPv4 到 IPv6 的大规模推进问题。2006 年有我的项目,2007 年才开始启动;2006 年还有一个传感器网络方面的项目;2007 年的项目是孟洛明教授主持的网络可控可测可管理方面的,还有一个项目研究多域协同宽带无线通信基础理论;2008 年的项目是关于认知无线网络基础理论与关键技术的研究,由北京邮电大学的张平教授主持。除此之外,下一代网络方面还有很多科技部、发改委的项目。今天重点给大家抛出我们提出的未来网络设计的思路,希望大家批评指正。

新网络体系关键技术研究,是一个迫在眉睫的事情,它将有可能带动 IT 行业的另一个大发展。如果利用好,能够带动元器件行业、软件行业等又一轮大的变革。目前,全世界都在做这方面的研究,我相信有一天总会设计出一个比较好的新网架构。但是什么时候用,取决于市场的兴趣。一方面,现有的网络不可能一下子都不用;另一方面新网也有个发展的过程。这两者之间有一个互补、过渡的阶段。我们提出的新网络体系架构模型用四个标识、三个映射对新的网络进行概括设计。传统 OSI 模型的七层模型,互联网的四层模型,都有两个大的层面:一个是网络层面;另一个为网络做服务、做应用,也就是服务层面。

未来网络的设计,框架要简单。这个思路我们已经提了七八年,目前看来正逐渐被认可。FIRE 计划也是从网络层面和服务层面让大家设计。从运营商角度,也希望是网络和服务层面分开的网络。我们作为原始设计单位,要设计一个新体系,把它的机制、机理、原理设计出来,这是关键。为什么两层就能把这个网络描述清楚？先说说网通层。网通层由交换路由模块和接入模块组成，我没有完全用交换，也没有完全用路由。交换还是路由根据需求来做，有的地方用交换好，有的地方交换路由同时存在。我们称之为广义交换路由。事实上，现有网络(不管是以太网还是 ATM 网)，都是交换，都是数据包完全转换，只不过是数据包的格式不一样。我们提出一种网络适应多种交换机制。新设计的网络是一个分组交换网，IPv6 和 IPv4 是其特例。

我们把网络分成两个部分：一个是骨干部分；一个是接入部分。接入部分用接入标识描述，骨干部分用交换路由标识描述。骨干部分只有位置信息，进行数据包的交换与转发。接入部分引入一个接入标识，接入标识和交换路由标识之间有一个映射过程。通过映射，起到将用户的位置信息和身份信息隔离的作用。交换路由标识和接入标识经过映射就成了一个机理。服务标识到连接标识有一个映射关系，连接标识到接入标识又有一个映射关系，所有网络都离不开这个机理。

我们设计新网有一个原则，即：吸收过去互联网的优势，尽量克服互联网的缺点；要把电信网的优势纳入进来；也要把广播网的优势纳入进来，尽量吸收它们的优点。电信网能支持移动，安全性在三种网络中也是最好的，但是它的高速数据传输性能比较差；相反，互联网能进行高速数据传输，不能提供高速移动，移动切换性能也比较差，可以说各有优势。

在服务层面，我们引入服务标识、连接标识。现有网络都有这些标识，但是没有明确。比如，说打电话的过程就是根据服务变连接、连接到交换路由，互联网也遵循这样的规律。在互联网中，发一个邮件这个服务实际上也要建立一个连接，然后是 IP 路由器的交换；也是服务变连接，连接到交换路由。但是这个连接的格式和电信网的不一样，表示方式不一样，所以做出来也不一样。我们基于这个共性机理，提出服务统一标识，连接统一建立，再连接到交换。整个网络是一个标识虚拟网络。

我们设计的这个网络,不但在理论上可行,而且实实在在能做出来,能用。我们做出了原型系统,已经有七八年了。

未来网络分成接入和骨干两个部分。骨干部分只有交换路由标识,用来进行数据传输,把分组数据包从一个地方传输到另一个地方。骨干网只有位置信息,是吸收电信网的设计思想;接入部分只有接入标识。这样就把原来 IP 分组位置信息和用户信息,通过骨干部分和接入部分的分离进行隔离。实际上电信网不是这种工作机制,但它分成骨干和接入两个部分。对我们普通用户而言,要破坏电信网的骨干网是很困难的。

新网的工作机理如下:终端发送的数据包携带接入标识,在接入交换路由器处将接入标识转换成交换路由标识;骨干部分利用交换路由标识进行传输,直到将分组传送到通信对端的接入交换路由器;然后再将交换路由标识转换成接入标识;之后再利用接入标识将分组传送到通信对端。这样做并不复杂,过去的网也是如此。接入部分过去也有这个过程,路由器转换也有这个过程。我们通过简单的结构性变化、机理的变化,使得骨干比过去简单、安全。我们是特定的映射,可以简单,也可以复杂,将网络完全虚拟化,从而保证了用户的隐私性和安全性。因为用户接入到骨干之后,要将用户的接入标识映射到骨干部分的交换路由标识。即使在骨干部分抓到数据包,也不知道数据从哪里来,到哪去。相反,现在的互联网中在任何一个节点抓到数据包,都能够清清楚楚地知道源地址是谁、目的是谁。

我们在设计新网时,要比过去的网尽量简单,同时还提高它的安全性。安全性是过去互联网的一个非常大的问题。在新网中,我们在骨干部分抓到包之后不知道用户信息;在接入部分抓到包之后,不知道对端用户的位置信息。另外,用户接入的时候,接入交换路由器可以认证用户身份的真实性,从而保证接入用户可控可管。所以,接入认证的时候可以很灵活。上午黄兵老师讲的有可能是一个选择。有的地方需要安全,就验证用户的真实身份;不需要安全的地方,可以用假的,不需要认证。

在移动性方面,黄兵老师讲得非常好。互联网的设计是以固定有线为主,不能支持高速移动。终端从一个地方移动到另一个地方之后,需要更换IP 地址,要重新建立连接,二层需要重新认证,三层需要重建,这个的理论时间在 1.5 秒以上。虽然有一些快速移动的方法,但毕竟是特例,没有从本质上解决问题。

在我们这个新网中,终端移动后身份不改变,移动出来以后用户身份没有变。保持接入标识不变,把电信网支持高速移动的优势引进来,用它的思想解决我们的问题。

新网的机制,我举了网络部分的两个例子。安全性(特别是骨干部分)提高了,相对于现在互联网而言,安全性得到了明显改观。移动性也比较好地解决了高速移动切换的问题。刚才讲的是网络层面,还有一部分是普适服务层面。我们对服务层面也进行了重新设计。过去的互联网中,今天设计一个邮件服务,明天设计一个浏览,后天设计一个 QQ,然后设计一个 MSN等。这些都是不同时间、用不同的设计办法。我们现在重新设计,将所有的服务统一表述,统一建立连接,统一标识,既考虑到未来的发展,又能够普适性的支持多种服务,显然要比过去一种服务一套简单。所有服务统一标识,既要考虑兼容性,还考虑未来的扩展性。本质上是对过去的思想进行简化、优化,并重新设计。这是一个好的设计思想。

前面讲了,新网中服务是统一描述、统一标识,我们对连接也进行了重新设计。过去是为一次服务建立一个单一连接,这个连接一旦断了,就不能正常通信。现在可以根据服务需求,为某一个服务建立一个或者多个连接,这就使得整个网络变得更灵活。表面上看来,机理是复杂了,但是实际上做的时候并不复杂。整个设计理念的改变使网络的性能得到了提高。

服务的移动也是这样。过去服务迁移后会有中断,需要重新连接。这跟刚才网络侧面的移动概念是不一样的。比如:下载一部电影,既可以从搜狐上下载,也可以从新浪上下载。现有互联网中,如果从新浪上下载并且在下载的过程中新浪网的服务器坏了,就需要重新去查找、重新从搜狐网的服务器下载,而且这个过程必须有人参与。而在新网中,可以不需要人的参与,电脑和服务器之间会自动完成服务的迁移。

但是,这个体系架构还不完善,要一下子考虑完善也很难。所以,我们请大家提提意见和建议,帮助我们不断完善、进步,最终把它做好。按照刚才讲的机制、机理,我们已经设计出新的网络。这是新网的广义交换路由器,外面三个是接入交换路由器。各种终端(包括移动终端和固定终端),都可以通过接入交换路由器接入网络。这个网络既可以打电话,也可以传视频,还可以做高速数据传输。终端可以是多家乡的、可以支持多个网卡,方便我们实现多路径并行传输。如果大规模使用,全世界都可以用这个网络打电话。

应该说,这个系统的性能还是很好的。我们现在已经申请了50多项专利,其中十几项已经获得授权。但是还有一些问题需要解决。比如:规模大了以后怎么办?另外,我们还缺乏一些很好的定量验证。现在实际做、实际测,没有一个统一的标准,毕竟这个东西跟过去的不一样,标准都是我们自己的。

在网络层面。如果我们过去没有这块协议,就不能做出现在的成绩。大家知道,国内第一台 IPv6 路由器是我们梯队做出来的,第一台无线路由器也是我们这里做出来的。骨干路由器是 6 个 U 的,接入路由器是 4 个 U 的,可以支持无线接入(比如 Wi-Fi、WiMAX),也可以支持有线接入(比如光卡)。这个是标识服务器。现在互联网中也有服务器(比如 DNS 服务器),只不过实现的机理不一样。我们做了两套原型系统,其中一套接近应用,适合单位;另一套是前年做出来验证机理原理用的,适合校园网或者中小型企业用。

下一代互联网发展趋势研究

◎张思东

非常高兴能够听到这么多专家的观点,昨天听了报告后很受启发。作为老师,我们不仅搞科研,还面对很多学生,经常讨论关于互联网的问题。我发现很多同学比较容易单纯地从学术、技术的角度考虑问题,这实际上影响他们的思路。所以我就作一个发言,简要给大家说一下。

互联网是什么,不用在这儿说了,关键是考虑问题的方法。不仅仅从学术角度,还应该从科技发展规律的视角去看,从创造互联网的这些人的角度看,如果确实从各个角度看,会看到一些问题。

从社会角度看,我觉得互联网的产生有三个背景。第一,计算机与通信结合是历史发展的必然,大家公认的第一台计算机是 1946 年发明的。当时计算机跟通信没有关系,但是必然会和通信走到一起,有一些资料可以进行论证;第二,当时计算机资源共享的呼唤直接导致互联网的诞生;第三,当时美苏军力的对抗,加速了计算机网络的产生。有很多观点认为,当时美苏军力的对抗就是互联网诞生的唯一条件。实际上我觉得不是,我认为前两个是主要原因,后来一个起到了加速的作用。

从科技的角度看,一种东西出来以后,科学技术必须有一定的突破,才有可能进步。科学发展规律存在一个规律:有需求,再创新,从创新产生新技术,新的技术满足这个需求,新技术出来以后又有一个新的创新,形成了一个螺旋循环。第二,当时的需求使得 1946 年发明了第一台计算机,1948年发明了晶体管,1958 年又发明了集成电路,当时计算机处理是一个数据孤岛,需要一个数据传输网络解决这个数据孤岛资源共享的问题,这也是互联网出现的学术背景。第三,还需要相关技术的积累,电话通信网已经很成熟了,那时候模拟通信比较多,利用调制解调技术传低速数据已不再困难。1927 年,提奈奎斯特提出采样定理,能把模拟信号变成数据信号,资本信息不丢失,开始提出来分组交换思想不是为了通信,而是为了保密,当时有些人不相信能够分组交换就可以进行阐述信息,但是经过后来的实验可以了,这个是它理论突破的依据。第四,当时的目标。互联网产生的目标是建立一个开放、计算机类型不同、局域网类型无关的数据交换平台,不同类型的计算机要连起来,不同类型局域网要连起来。什么是主要矛盾,什么是次要矛盾,大家都知道的,这是从科学技术角度能够看出来互联网产生的背景。

从奠基人的角度看,卡恩是"互联网之父"之一。当时科研的目标实际上建立一个世界平台,这个平台是开放的,任何人都可以方便地加入或者退出。而且,这个平台是简单的,任何人都可以使用。平台的使用是平等的,不影响各自内部事务。平台对交流效果并不负责任,是尽力而为地服务,这个平台是建立在诚信的基础上的。

我觉得计算机互联网原始的设计目标是开放的,与计算机类型、局域网类型无关,是非实时数据交换平台。应用环境在当时是军用,实现方法是数据用 IP 头封装起来,实现透明传输,所以与计算机类型、局域网类型也没有关系。技术特点是存储转发,这与电信网络、电视网是不一样的。

在设计目标上有一定局限性,当时只想到物理上的危害,不可能想到病毒、网络攻击这些威胁,基于固网不可能想到移动性怎么样。

现在面临的挑战是老革命遇到了新问题,现在遇到的新问题有四个:第一,IPv4 地址枯竭的问题;第二,面对多媒体信号的要求,如 QoS 问题,而当时是数据转发,就是非实时数据,而现在是对老的互联网提出来的新要求;第三,对于不诚信的终端,我觉得用一个形象比喻,互联网就是一个无限带宽的数据包传送带,是你的你就要,不是你的你就不要,如果不诚信,是不是自己的都要,这样一来就麻烦了;第四,面对现代的需求就是移动问题。

我觉得这四大问题实际上是互联网在新的形势下,遇到了新的问题,就是对人们新的要求的问题。

下一代互联网的新技术带来的问题,必须要有新的办法去应对。现在对新的互联网,要求至少解决这四个问题:一是足够的 IP 地址;二是服务质量要高;三是信息更安全,安全包含可控、可信等;四是移动性要好。现在的问题是怎么用新的技术来应对它。

下一代互联网现在有三条路,都在做。一是 IPv4 向 IPv6 至少解决了地址问题;二是改良的路,哪里有窟窿哪里去补,哪里有问题我们哪里去修,这也很现实,确实解决了很多问题;三是革命的问题,设计新的网络架构,比如一体化普适网络的问题。

关于互联网有这么几个问题值得思考:第一,互联网为什么会发展得这么快?从学术角度争论是争论不休的,也是争论不清楚的,我觉得要从各个方面看;第二,互联网到底是什么?从学者看是一种定义,从老百姓角度看是一种定义;第三,互联网到底影响了我们什么?第四,互联网到底要往哪儿走?

第一个问题,互联网为什么发展这么快?原因有以下几方面:①互联网顺应了信息时代的需求,互联网诞生在 20 世纪 60 年代,开始阿帕网,到 80 年代真正成为互联网,这正好是信息社会或者是知识经济初见端倪的时候,顺应了这个时代,所以发展是它的一种需求;②信息如果得不到传播,传输渠道不畅通,受阻碍会影响知识经济的发展,互联网能提供一个简单,开放畅通的渠道;③计算机的发明、发展,它强大的各种信息处理的能力,迫切需要一个很好的网络;④计算机技术、微电子技术、数字化技术、通信技术同步发展,为互联网的高速发展提供了可能;⑤互联网满足了各种人的各种要求,这也是它发展很快一个原因。实际上现在互联网已经成为政治家、商家、教育家、企业家、老百姓的一个需求。⑥创新无功利性,促进了互联网的发展,这一点非常重要,它是群众创造,使用者创造,为或不为利益创造,它开始的时候并不是拿到科研费才创造。WWW 的创造者是一个 24 岁的超级网虫,雅虎是一帮学生创造的,谷歌也是学生创造的。开始的时候,他们并没有想到得多少利益,是高级网虫,所以,老百姓在促进互联网的创造,这是互联网发展快的非常重要的原因;⑦简单开放的特性促进了互联网的发展,傻瓜相机有那么大的市场,因为绝大多数人不是摄影家。为什么卡拉OK 当时流行,因为绝大多数不是歌唱家。绝大多数人都有两重性,对自己从事的工作是专家,同时对其他方面他可能就是一窍不通,希望自己专业之外东西的使用是越简单越方便,非常合乎逻辑的要求。实际上互联网就是这样,互联网本来是通信领域很专业的东西,但是互联网创造了一个个上网的人,简单、开放、平等、随时随地方便地加入和学习,融入大批人才,这也是互联网发展很快一个原因,不光是技术问题。

互联网到底是什么? 应该从两个角度来看,第一,学术界的角度。学术界有一个很明确的定义,国际联合网络委员会对互联网有一个定义,互联网是全球性的;第二,互联网上的每一台主机都有它所需要的地址。老百姓看互联网,有自己的定义,与学术上的定义不太一样,就是现代互联网。昨天戴浩院士说的我觉得很有道理,为一辆快速行驶的汽车换轮子,或为在天上飞的飞机换发动机都是很困难的。

所以,互联网实际上影响了我们的思想、工作方式等很多方面。但是它也造成了很多麻烦,互联网确确实实给我们带来了很多问题。

互联网到底要往哪里走? 我跟我的学生讲了几个观点:第一,新网络诞生时,是为了一个有限目标而创建的,有时代和技术的局限。电话网是因为电话的发明,有线电视网出现在 20 世纪 80 年代,70 年代是在英国开始。互联网是为了实现计算机与计算机网络的互联,现在传感器网络就是为了实现人与自然的信息交流,每一个网络开始交流的时候都是有限目标,不是无限目标。所以,就有时代局限性。

第二,新的网络的诞生,老网络没落的几个必要条件:①新的社会需求,现在需求是有的;②必须有新的理论诞生;③有新的材料、新器件的诞生。如果没有这三个条件,想诞生一个与现在的网络相媲美的网络是很困难的。比如电话网络的诞生。首先是发明了电报,后发明了电话,但是对电的研究,导致后来通信的一些理论被发现;第二是电话和电报的发明;第三是电子管及电子器件的发明。互联网的诞生也是一样,首先是采样定理、信息论、分组交换的发明;第二是电子计算机的发明;第三是集成电路的发明,如果没有这几项互联网也不会到今天的程度。

1837 年发明电报,1876 年发明电话,到现在为止,电话网的历史已经100 多了年。互联网是 20 世纪 60 年代提出来的,但是前面有一些铺垫。计算机是 1946 年发明的,晶体管是 1948 年,集成电路是 1958 年,光纤通信是20 世纪 60 年代,蜂窝概念是 1950 年提出来的,但是真正到互联网程度是1980 年前后的事,就是这些能够看到出一个网络诞生,新的体制诞生并不是说简单的。

第三,一项新技术的发展,不仅取决于技术因素还取决于社会因素,搞了很多技术,比如说昨天程时端教授说 ATM 技术,很完善的,大家都认可,为什么发展不起来。相反互联网很不完善,发展这么快,为什么?我觉得社会因素不得不去考虑。

第四,随着网络规模的扩大,新要求、新功能的加入,网络必然由简单向复杂发展,除非有新的理论技术出现,从根本上改变它。比如说电话网,开始很简单,现在越来越复杂,互联网也是,比如功能越来越大,可能越来越复杂。所以,程时端老师说复杂是必然,不可能越来越简单。但如果有一种新的模式,比如说量子通信,可能突然一下子从结构就简单了,但是它慢慢发展也要复杂,这是一个过程。它的转变关键在于新的理论、新的模式出现才行。不然,在互联网的基础上,突然让它比原来还简单是不可能的。

下一代互联网的总的目标和趋势,首先是通信范围,原来是人与人之间的通信,现在已经经历了读、听、看,还有多媒体完善的阶段。下一步通信这个领域要扩大,扩大到人与自然、机械与机械、人与机械的通信,这些现在也在发展。再有就是像虚拟现实,还有就是对于人与人通信实现5W,实现任何人、任何时候,在任何地方,以任何形式实现任何种类的信息交互。这个趋势是我们通信领域人的一个目标。

另一方面,我们搞科学问题、学术问题的时候,有两个不得不考虑的现实问题。刚才我举例说一架飞机在运行过程中要换发动机是很难的。这两个问题也是这样的,第一是百年来的通信投资,不得不考虑,所以不可能一夜之间把所有的东西取代,只是逐渐逼近那个目标。第二是信息网络的安全,短时间不可能根本解决,原因是安全和不安全是相对的。

现在我们大家都在考虑 NGN、NGI 和三网融合的问题。三网融合的问题刚才大家都说了,过去是模拟信号,为什么电视、电话、互联网不能融合在一起,这在技术上有一定难度,但不是不可以。如果不把所有的问题考虑进去,所有的问题笼统提是有困难的。

所以最后的互联网到何处去,我们讨论演进方案,改良方案,革命方案,三种道路都有意义,都有市场,要真正突破必须积极研究,突破互联网原理之外的新理论技术,如果还是讨论互联网,可能越来越复杂,不可能突然一下子简单下来。比如说量子通信,可能一下子就改变了,从 IP 原理就改变了,好像互联网原理跟电话网的原理不一样。我就是我的一个考虑问题方法的问题。

程时端:

张老师总结得非常好,互联网的过去、今天、将来。大概十年前讲课的时候有一个预言,当时 IP 电话刚刚出来,当时我跟学生说,我说将来很可能是人们重要的事情在电话里讲,要走通信网,只有聊天的、不重要的要便宜走互联网,现在证明讲错了。现在,没人打电话用通信网。

张为民：

我有一个想法，简单化的自治化网络我们可以想成Web2.0。它基于参与者共建这个概念，互联网或者说现在的全球性网络未来应该基于每个节点，每个用户自建、自维护。所以，我认为您的理念有一种方式可以实现它，可能会更简单、更容易、更能完善而且不复杂。也就是让每个节点、每个用户有个工具包，或者是有一个协议组，只要使用了就能对其节点周围的网络和所使用的部分进行优化和自管理。这样下来，每个人用得越多管理得越好，这样全球网络是真正的自管理，而不是靠网络自身的功能和那么多平面。

我觉得从这方面想，会不会有一个更新的思路？这是抛砖引玉。

Web2.0包括P2P，就是这样一个概念，因为Web2.0发展已经不是靠网络架构师了，而是靠每个人。每个人可以做一个脚本，极大地丰富了互联网的内容，将来每个人使用它终端的时候构建这个网络，完善这个网络，而且自治管理这个网络。用户是一个内容贡献者，Web2.0到未来就是对网络优化完善的。这不是靠每个人有很高的技术实现，而是把这个技术做到终端里面去，放在每一个小手机里面去。

终端的供应商像诺基亚、苹果公司，已经改变了人们的思路。同时，诺基亚用手机在做商业模式，用手机做移动支付。这就是说为什么我们不能把人的力量想象为有限的，技术含量可以在终端里面，让使用者进行完善。

我们理解移动互联网是移动通信网跟互联网的融合，这里我们也不想说替代，还是一种融合。无线宽带能力的提高，终端软件技术的高速发展，提供了这种可能性。互联网发展有两大前提，第一种是终端同质化，第二种是终端操作系统的同质化。这一点使两个问题自然迎刃而解了。在这种情况下有两种同质化，微软公司对此是有贡献的，包括个人PC机技术的同质化，但是移动互联网问题就在这里，我个人理解移动终端的种类非常多，硬件非同质化，然后是异构。同时，终端操作系统是非常复杂的，因此，多终端操作系统移动互联网面临的一个挑战。所以，终端操作系统不同质，就有一个移动适配的问题，或者终端适配的问题，这也是挑战移动互联网应用的问题。

这些有解吗？有解。我觉得苹果公司做了一个解，它利用一个浏览器软件，这个浏览器软件非常强大，解决了这个问题。像过去讲 WAP 的成功，因为浏览器同质，不管有多少品牌，包括火狐 IE 等的标准都是同质的。在这种情况下，苹果公司在浏览器上提出了同质化的方案。现在诺基亚也在向它趋同，这就解决了 UCWEB 的问题。

日本在终端同质化上，做得非常好，虽然基本都是统一标准。这样复杂的应用，包括漫画移动互联网的应用、游戏和社会化网络的应用等都做得非常好，这说明移动互联网是成功的。我觉得这是值得中国移动互联网借鉴的地方，终端标准的同质化适配问题，这是一个难点。以上是我个人的理解。

李一果：

刚才张为民老师也提到借助 Web2.0 的技术来做，我非常同意程院士说的观点，应该尽量把基础网络作为一个偏公益的网络提供，从而提高整个网络的公益性。另一方面，降低网络对于运营商的依赖性，要做到这一点是要提高各个网络连接点的参与性，降低整个网络的趋于中心化，没有任何中心，大家都来参加。如果这样，包括云计算技术都要用，同时网络的基础包括光纤，以后的设备会越来越简单，简单就不容易坏，即使坏了，替换它也很容易。基本功能不在我们本身，而是在终端上面做很多路由功能，这个网络基础平台的设备由非常简单的设备组成。

未来自管理互联网的结构和机制

◎程时端

目前,在互联网研究领域人们对未来互联网的设计目标、体系结构、实现方法、功能特点等讨论得很激烈,不同的专家学者及工程技术人员对未来互联网都有着不同的观点和看法,其中欧盟第七框架(FP7)项目 EFIPSANS 的专家认为自管理是未来互联网的主要的特征之一,它在满足未来用户需求的同时,实现网络对自身的管理和维护,从而大大减少用户和管理人员对网络的干预;另一方面,自管理网络在服务的灵活性和网络的可靠性及可用性方面也大有改进,整个网络的运营成本能大幅度减少。

EFIPSANS 的主要研究目标是探讨未来自管理互联网的体系结构、行为特征及实现方法。该项目的参加单位包括研究院所(如德国的 Fraunhofer FOKUS、爱尔兰的 TSSG)、高等院校(如希腊的雅典国家技术大学、波兰的华沙技术大学、卢森堡大学等)和欧洲著名的电信企业(如瑞典的 Ericsson、法国的 Alcatel-Lucent 及西班牙的 Telefonica 等)。北京邮电大学是该项目的唯一非欧盟成员。

一、自治计算、自治通信及控制环

未来自管理互联网的技术基础是自治通信技术,而自治通信所应用的自治技术起源于控制论。控制论的主要目的是在组件、设备等单元运行过程中动态地对它们进行管理和优化。控制论能够较好地描述结构清晰的闭合系统,但是对具有离散、时变或具有不确定信息特点的开放系统的描述却比较困难。当系统的结构不确定,或是在不断地变化、被修改时,使用控制论会遇到很大的问题。

自治技术以控制论为基础,并对它进行了扩展。自治技术能够在一个开放的环境中,快速、动态地集成、使用和优化由各种异构系统在没有集中控制、没有统一的基础设施的情况下联合起来的各种资源。自治系统一般由一个或多个自治单元组成,每个自治单元能完成一定的功能,并且能够与其他单元在动态环境中进行交互。自治单元由一个自治的管理实体和一个或多个被管理实体组成,管理实体负责控制被管理实体的配置,输入和输出,被管理实体则用来实现系统的各种功能。

自治系统能够形成一个反馈控制环,如图 1 所示。系统能够通过不同的渠道收集各种信息,如传统的网络环境感知数据、动态产生的各种事件报告、高层的业务应用,甚至用户的需求等。收集到的信息可以采用不确定推理、博弈论或经济模型等方法进行分析、推理和决策,这些决策最后由被管理实体加以实施。

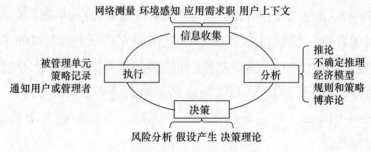

图 1 自治系统中的控制环

通过对通信、网络及分布式系统所面临的日益增加的复杂性和动态性的深入反思,自治通信研究的目标是使网络及相关的设备、业务可以工作在完全没有人力监管的状态下,实现自配置、自检测、自调节、自愈等自属性。通过采用自治通信技术,网络可以根据每个用户的需求及其变化来动态地调节网络的行为,从而提高网络的性能和资源利用率,并大大减少网络的维护运营费用。

目前国际上已开展了一些自治通信领域的研究工作,如 FOCALE、

ANA、CONMan 等,但这些工作都没有给出通用的自治网络体系结构。EFIPSANS 项目正是以自治通信理论为基础,借鉴了该领域已有的研究成果,提出了新的结构和实现机制。

二、自管理网络结构和机制

EFIPSANS 项目对未来自管理网络的解释是:网络管理的基本功能,如配置管理、性能管理、故障管理、安全管理和计费管理等,和基本的网络功能,如路由、转发、监测、监管等,都能自动地交互信息而参与到控制环中,这样无需外界的干预,网络就能够自己运行和维护,形成自管理的网络。

该定义的提出是基于这样的两种假设:

● 一些网络的功能平面需要重新构造甚至融合。

● 在不同层次的节点/设备上以及在网络的功能描述方面,自管理网络的实现需要新的概念、新的功能实体以及相应的框架性设计原则。

1. 通用的自治网络体系结构

GANA 结构如图 2 所示,总的来说,GANA 是由不同的功能平面组成,每个平面包含不同层次的功能实体组成的一个立体的结构。从功能上来

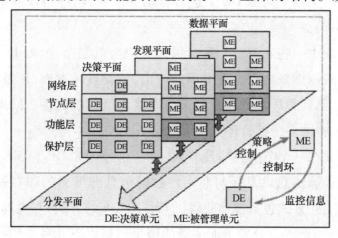

图2　通用的自治网络体系结构 GANA

看,GANA 借用了 4D 结构中 4 个功能平面的概念,将网络划分为 4 个平面,即决策平面、分发平面、发现平面和数据平面。但 GANA 根据自治网络的特点和需求对每个平面的功能、结构及它们之间的相互关系进行了具体的定义和描述。

决策平面制订控制网络行为的所有决策,包括接纳控制、负载均衡、网络配置、路由、服务质量、安全等。决策平面根据网络拓扑、流量、时间、用户上下文、网络目标/策略、一定网络域内结点和设备的能力及资源限制的变化等做出决策,以控制各个被管理的实体的行为。决策平面由不同的决策单元(DE)组成。决策平面及决策单元是提供自治属性,实现自管理网络的关键部件。

发现平面由负责发现网络或服务的组成实体,并为它们创建逻辑标志,定义标志的作用域及持续时间,进行相应的管理等。如发现一个节点有多少个接口,一个节点持有多少个转发信息表(FIB),发现邻居等。发现平面还负责节点的能力发现、网络发现与服务发现等,发现平面的核心是一些具有自描述与自通告能力的协议或机制。在一个自管理网络中,发现平面的协议或机制由决策平面的 DE 来进行自动的配置,这些协议或机制即为被管理单元(ME)。

数据平面由一些处理单个数据包的协议与机制组成,如 IP 转发、层二交换等。处理依据来自于决策平面的输出,如设置转发表、包过滤策略、链路调度权重、队列管理参数以及隧道与网络地址的映射等。同发现平面相同,数据平面也由多个被管理实体组成。

分发平面在一个节点内部及节点之间的实体(如 DE 和 ME)间提供一个用于交互控制信息以及任何非用户数据信息的可靠的和有效的通信手段。信息的交互方式包括被动获得(即通过 Push 的方式)与主动询问(即通过 Pull 的方式)两种。分发平面传送的信息包括以下几种类型:信令信息、监测数据(包括状态信息的变化等)及其他在 DE 之间传送的控制信息,如故障、差错、失败、报警等异常信息。ICMPv6、MLD、DHCPv6、SNMP、IPFIX、NetFlow 及 IPC 等都属于该平面。分发平面也由多个 ME 构成。

在 GANA 结构中,4 个平面既相互独立,又相互依赖。如发现平面的某些单元可能会使用数据平面所提供的服务,它们也可能使用分发平面提供的功能。而分发平面可以不使用数据平面提供的服务,两者可以相互独立存在。决策平面的 DE 使用分发平面的服务实现彼此间的通信。另外特别值得注意的是,不同平面上的 DE 与 ME 之间构成了形成自治系统所不可缺少的控制环,并且 DE 与 ME 可以处于相同或不同的网络节点中。

2. 决策单元及层次化控制环

DE 是 GANA 提供自治属性,实现网络自管理的关键部件。由于网络功能很复杂,因此在网络节点中通常需要由多个 DE 来负责不同的决策过程,以控制和管理不同的网络实体。

如图 3 所示,在 GANA 结构中多个 DE 按照分级的方式进行组织。所有的 DE 被分成协议级、功能级、节点级和网络级。协议级处于最底层,它涉及一些具体的协议(如 OSPF、TCP 等)。协议级 DE 的存在允许相关协议呈献出自治特征。位于第二层的是功能级 DE,它涉及用于设计与实现相关网络功能的 DE。这些功能 DE 抽象了一些特定的网络功能(如路由功能、移动性管理功能等)及与之相关的算法等。第三层是节点级的 DE,这些 DE 掌握一个网络节点的所有信息,并可以直接或间接地影响该节点所有的 DE。如节点的主决策单元通过管理不同的 DE 来调节该节点在网络中的行为。位于最高层的 DE 是网络级的 DE,这些 DE 拥有部分网络中其他节点的信息,它们能够利用这些信息控制和影响本节点的主决策单元。同时,网络级 DE 还负责与其他节点中的网络级 DE 合作以交换信息,实现整个网络的自管理。

GANA 结构中 DE 之间存在分级关系、对等关系、同属关系 3 种关系。不同的关系直接影响 DE 之间相互通信的机制。

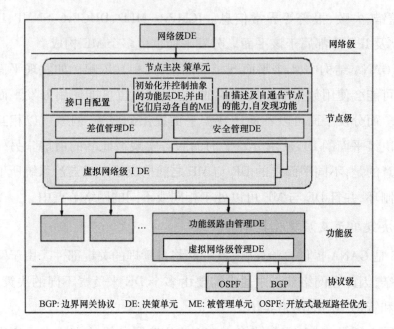

图3　层次化的决策单元 DE

在 GANA 的 4 平面结构中,决策平面的 DE 与各平面中的 ME 根据图 1 所示的原理构成控制环,实现各种自治功能。由于在 GANA 中,节点的 DE 和 ME 被层次化地组织起来,因而形成了层次化的控制环(HCL)。图 4 具体描述了 GANA 中的控制环。

3.工程设计及标准化方面的考虑

GANA 实质为结点/设备及网络体系结构实现自管理的参考模型,通过规范及标准化结构化的功能实体来保证互操作性,进而实现整个网络的自管理属性。

在 GANA 结构中,一个 DE 收集信息并经过分析后触发的行为,被称为自治行为。它是用于管理或重新配置相关 ME 的行为,如自配置、自描述、自通告、自愈、自优化等。由于自治行为与特定 DE 相关,同时还可能与该 DE 所处的控制环的信息提供部分捆绑在一起,或是与该 DE 控制下的各

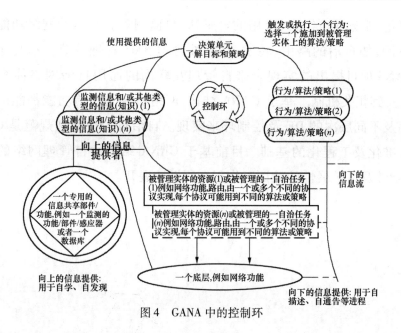

图 4　GANA 中的控制环

ME 绑定,因此,自治行为说明/规范是描述 GANA 结构及 DE 功能的正式说明/规范。此外,为了实现并工程化 DE 及相关的控制环、ME,EFIPSANS 项目组的研究人员正在进行相关模型及工具的研究和设计工作,如元模型、信息模型、系统模型、数据模型、策略框架、配置文件、知识库及工具链等的相关设计及实现工作正在展开。

目前,在欧洲标准化组织(ETSI)中已经成立了一个关于自管理网络的工业标准化工作组 AFI。AFI 致力于自管理网络工程化方面的研究。其中的一个子项目组重点关注 GANA 标准化方面的工作;另一个子项目组则专注于将元模型用于 GANA,目标是利用形式化的描述和设计方法实现 GANA 模型和控制环的工程化。

三、结束语

自管理是未来互联网的主要特点之一。自管理互联网能够实现多种自治功能,如设备和网络的自发现、自配置、无人为干预条件下资源的自提供及虚拟化、业务的自组合、应用的自感知、自监测等。基本的网络功能也能实现自治，如自治的路由、转发、移动性管理、QoS 管理等等。本文介绍了 EFIPSANS 项目提出的实现未来自管理互联网的通用自治网络体系结构 GANA 及其相关机制。基于 GANA 结构，网络所有的自治功能都能由不同的平面及不同层次的 DE 及控制环来实现。自治行为说明和规范是 GANA 结构标准化及工程化的基础。目前基于 GANA 结构的自管理网络的稳定性、复杂性及可扩展性的验证工作正在积极地展开。

下一代互联网中拥塞控制的研究

◎石志强

一、引言

众所周知,由于互联网是基于统计复用的包交换技术,因此必须采用有效的拥塞控制机制,保证互联网带宽资源的公平使用。公平原则是现代社会发展的一个重要基石,针对互联网尽力服务的公平性可以分为两类:基于流的公平性和基于用户的公平性。我们知道,互联网中一个连接是由五个要素构成的 < 目的地址,源地址,协议,目的端口,源端口 >,如果网络为每个连接对应的数据流提供公平服务,我们就将之称为基于每个连接的公平性原则。如果不考虑协议、目的端口和源端口,网络为每个 < 目的地址,源地址 > 对应的数据流提供公平服务,我们就将之称为基于每个路径的公平性原则。如果网络为 < 源地址 > 对应的数据流提供公平服务,我们就将之称为基于每个用户的公平性原则。基于流的公平性包含了基于每个连接的公平性原则和基于每个路径的公平性原则两个子类。

TCP 拥塞控制就是典型的基于每个连接的公平性原则。通过增加 TCP 连接的数量就可能提供用户的下载速度,多线程下载正是利用了这个特点。公式(1)是经典的 TCP 带宽计算公式,其中 MTU 是最大传输单元,RTT 是往返延迟,Loss 是丢包率,Bandwidth 是该 TCP 连接的平均传输速率。

$$Bandwidth = 1.3 \times MTU/(RTT \times sqrt(Loss)) \tag{1}$$

根据公式(1)可以很容易得到公式(2)

$$Loss = square(1.3 \times MTU/(Bandwidth \times RTT)) \tag{2}$$

在网络发生拥塞的路由器,其出口带宽是固定的。用户为了获得更快的下载速度,倾向于采用多线程下载的方式,来获得个体利益最大化。随着TCP 连接数量的增多,每个 TCP 连接获得的带宽就会下降,根据公式(2),拥塞路由器的丢包率就会上升。这种模式下的用户就处于典型的囚徒困境:一部分用户保持连接数不变,其他用户增加连接数,第一部分用户的性能下降,第二部分用户的性能可能上升;所有用户都增加连接数,所有用户的性能都下降。这样处于拥塞状态的路由器就处于一个恶性循环的状态。除了多线程下载的问题,由于多媒体业务的发展,UDP 的非弹性流对互联网的传输性能也逐渐构成巨大的威胁。

正是为了解决 UDP 对互联网传输性能的影响,提出了核心无状态公平队列(Core – Stateless Fair Queueing,CSFQ)。CSFQ 的思路是把一个自治域内的路由器分为两类,一类是边缘路由器,它们与用户设备相连;另一类是核心路由器,它们不与用户设备连接。网络边缘路由器测量每个输入数据流的到达速率,并标记在数据包的包头上。网络核心路由器根据其输出链路的拥塞程度自适应地调节数据流的公平带宽,当拥塞时会降低数据流的公平带宽,当空闲时会增大数据流的公平带宽。核心路由器收到数据包后,根据数据包标记的到达速度和当前数据流的公平带宽,设定数据包的丢弃概率,确保每个数据流的占用带宽不大于预先设定的数据流公平带宽。CS-FQ 的成功在于数据流的状态维护工作在边缘路由器完成,核心路由器不需要维护每个数据流的状态信息,这样在提供较好公平性的同时,满足了网络核心高速数据交换对性能的要求。根据边缘路由器对数据流的不同分类粒度,CSFQ 既可以提供基于每个连接的公平服务,也可以提供基于每个路径的公平服务,这样 CSFQ 就可以避免多线程下载和 UDP 非弹性流对互联网的传输性能的威胁。

显示控制协议(eXplicit Control Protocol,XCP)和速率控制协议(Rate Control Protocol,RCP)吸收了 CSFQ 的设计思路,增加了拥塞信息的反馈机

制,从而具有更好的稳定性。但它们三者的设计原则都是相同的,都是建立在为每个数据流提供公平服务的基础上的,所以本文仍以 CSFQ 作为参照对象,所得出的结论对 XCP 和 RCP 也同样适用。本文在第二部分提出基于用户的公平性原则,在第三部分设计基于令牌资源的拥塞控制算法,在第四部分仿真说明 TBCC 算法的公平性,在第五部分是展望 TBCC 的下一步研究工作。

二、基于用户的公平性原则

基于用户的公平性原则就是网络公平地为每个用户提供网络资源。互联网用户的特点是可以同时在大量的路径上建立众多的连接,为此需要把所有的连接所消耗的资源汇总起来,才是网络为用户提供的服务。根据市场经济的原则,拥塞的链路资源就是稀缺资源,稀缺资源就应当对应更高的价格;价格的上升,可以减少需求,从而达到供应和需求的平衡。

若网络分配给用户 i 的最高服务速率为 W_i,用户 i 在时刻 t 有 N_i 条连接,每个连接此刻的传输速度为 $r_{i,j}(t)$,所经过的链路的拥塞程度为 $\gamma_{i,j}(t)$,那么用户 i 在时刻 t 获得的服务速率,如公式(3)所示:

$$W_i(t) = \sum_{j=1}^{N_i} u(r_{i,j}(t), \gamma_{i,j}(t)) \qquad (3)$$

其中二元函数 $u(x,y)$ 是关于 x 和 y 的单调上升函数。本文所指的基于用户的公平性原则就是只要用户 i 有足够高速率的数据流需要传输时,用户 i 所获得的服务速率就等于其最高服务速率为 W_i。这就保证了网络公平地为每个用户提供网络资源。

三、基于令牌资源的拥塞控制算法

基于令牌的拥塞控制系统(Token – Based Congestion Control,TBCC)由图 1 所示的边缘路由器(Edge Router)和核心路由器(Core Router)构成。发送方的边缘路由器根据传输路径的拥塞程度计算输入数据包消耗的令牌资源的数量,从而限定用户使用网络资源的速度。网络中的核心路由器把其输出端口的拥塞程度标记到数据包的扩展头中。在接收端的边缘路由器把数据包中的拥塞信息反馈给接收端的边缘路由器,这样就在网络层构建了一个拥塞控制的闭环系统。本文定义拥塞度为路由器输出端口的拥塞程度,单位为 cl;拥塞指数为数据包传输路径上所有路由器输出端口的拥塞度的最大值。

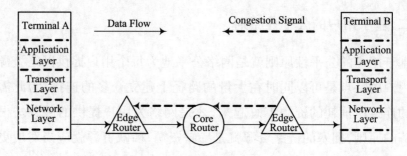

图 1　TBCC 的系统架构图

为了收集和传递传输路径的拥塞信息,我们在 IP 数据包中增加了一个 *tkhead* 扩展头,这个扩展头包括 *tklevel*,*tkpath* 和 *thback* 三个字段,每个资源占用一个字节。字段 *Tklevel* 是数据包的令牌级,*tkpath* 用于存储传输路径的拥塞指数,*thback* 用于接收端边缘路由器反馈前向路径的拥塞指数,本文中 *tklevel*,*tkpath* 和 *thback* 的取值范围为 10 到 100。边缘路由器和核心路由器的具体细节如下。

1. 边缘路由器

边缘路由器的用户接入端口包含一个拥塞信息库(The Congestion - Information Database,CID),该库的每个拥塞信息单元包括三个字段 < IP address,host_thpath, host_back >。当该端口从网络侧收到数据包,就根据 IP 数据包的源 IP 地址在 CID 中找到对应的拥塞信息单元,把 host_thpath 设置为 IP 数据包的 *tkpath*,把 host_back 设置为 IP 数据包的 *thback*。当该端口从用户侧收到数据包,根据 IP 数据包的源 IP 地址在 CID 中找到对应的拥塞信息单元,把 IP 数据包的 *thlevel* 设置为 host_back,IP 数据包的 *thlevel* 设置为 host_thpath,IP 数据包的 *thpath* 设置为拥塞指数的最小值 10。

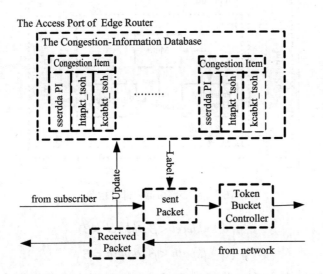

图 2　边缘路由器内部结构图

从用户侧收到的数据包添加 *tkhead* 扩展头后,就进入令牌桶控制器 (Token Bucket Controller),令牌的单位为 *tk*,其令牌到达速率为 $\rho tk/sec$,其令牌深度为 *Ctk*。每个数据包消耗的令牌数量为 *thlevel* * *L*,其中 *L* 是数据包的比特长度,也就是公式(3)中的 $u(x,y)$ 为 $x * y$。

2. 核心路由器

核心路由器的输出端口在尾丢弃队列前增加了一个 BTFQ(Bit – Torrent Fair Queueing)。BTFQ 包括一个概率丢包器(Probability – Dropper),一个测量器(Meter)和一个标记器(Relabeller)。BTFQ 维护着输出端口的拥塞度 β,当数据包的令牌级大于或等于 β 时,直接概率丢包器;当数据包的令牌级 *thlevel* 小于 β 时,该数据包以 *thlevel*/β 概率通过概率丢包器,以概率$(1 -$ *thlevel*/$\beta)$ 被丢弃。数据包进入标记器,标记器检查数据包的 *thlevel* 和 *tk-path*,保证它们都大于输出端口的拥塞度 β,工作算法如公式(4)

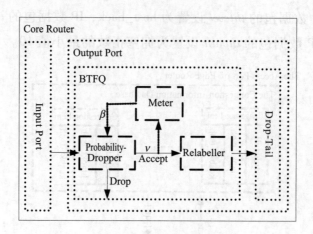

图 3　核心路由器内部结构图

$$\begin{cases} \text{if} \quad tklevel < \beta, tklevel = \beta \\ \text{if} \quad tkpath < \beta, tkpath = \beta \end{cases} \tag{4}$$

测量器测量概率丢包器的输出速度 ν_k，并根据公式（5）自适应地维护输出端口的拥塞度 β_k。

$$\beta_{k+1} = \beta_k * \nu_k / S \tag{5}$$

四、拥塞控制的仿真比较

由于 CSFQ 只能在数据流间公平分配带宽，它虽然能限制多线程下载占用更多的带宽，但对与 P2P 应用通过多个数据源来加速下载却无能为力。而 TBCC 由于控制了数据源数据网络的令牌流上限，从而可以有效限制 P2P 应用的带宽滥用问题。

采用 NS2 仿真工具，仿真设计的拓扑结构如图 4 所示，这是一个典型的哑铃状仿真结构。节点 ts[k]，td[k]，bs[i] 和 bd[i] 是用户终端；节点 tse[k]，tde[k]，bse[i] 和 bde[i] 是边缘路由器；节点 CS and CD 是核心路由器；其中节点数量 N 从 5 变化到 25。每对节点 ts[k]，td[k] 有一条 TCP 连接，共有 5 条连接。每对节点 bse[i] 和 bde[j] 间有一条 TCP 连接或一条

UDP 连接,共有 N² 条连接。图 5(a)是每对节点 bse[i] 和 bde[i]间有一条 TCP 连接的仿真结果图,在 TBCC 算法下节点对 ts[k], td[k]间的 5 条 TCP 连接获得的带宽随变量 N 线性下降;而在 CSFQ 算法下节点对 ts[k], td[k] 间的 5 条 TCP 连接获得的带宽随变量 N² 下降。图 5(b)是每对节点 bse[i] 和 bde[i]间有一条 UDP 连接的仿真结果图,在 TBCC 算法下节点对ts[k], td[k]间的 5 条 TCP 连接获得的带宽随变量 N 线性下降;而在 CSFQ 算法下 节点对 ts[k], td[k]间的 5 条 TCP 连接获得的带宽随变量 N² 下降。

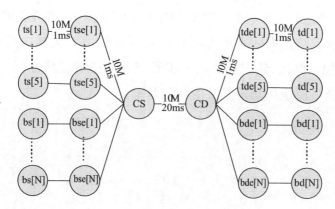

图 4 单拥塞链路的仿真拓扑

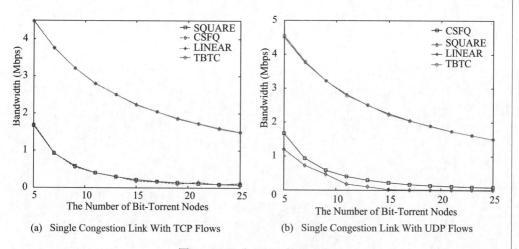

(a) Single Congestion Link With TCP Flows

(b) Single Congestion Link With UDP Flows

图 5 CSFQ 和 TBCC 的吞吐量

仿真实验表明,TBCC 算法能在用户间公平地分配网络资源,传统单 TCP 连接的应用不受当前 P2P 应用的影响。而 CSFQ 算法无法在用户间保证网络资源的公平地分配,传统单 TCP 连接的应用与当前 P2P 应用相比,竞争能力较弱。

五、展望

本文提出了一种新的拥塞控制公平性原则,基于用户的公平性原则,并设计了能实现这种公平性的 TBCC 拥塞控制算法。通过仿真实验表明 TB-CC 拥塞控制完全能有效避免当前 P2P 应用对单 TCP 连接应用威胁。对于 TBCC 拥塞控制算法,还需要更进一步研究其动态响应特性,分析其稳定性条件,为其能广泛应用奠定坚实的理论基础。

专家简介

牛志升

1964 年生。工学博士,清华大学教授,博士生导师,北方交通大学兼职教授。主要研究方向包括:宽带通信网络及其流量控制技术;宽带无线接入及其资源优化管理技术;移动因特网技术平流层通信技术。

石志强

1970 年生。现为中国科学院软件研究所高级工程师。负责和参加的项目:CNGI 项目"IPv4/IPv6 双协议栈、集中式可大规模部署的运营级多模视频监控业务服务系统"的研究工作;自然科学基金项目"下一代互联网的拥塞控制架构"的研究工作;中科院软件所计算机科学重点实验室开放课题"下一代光交换网络的研究"的研究工作;参加了"973"课题"一体化可信网络与普适服务体系结构原型系统的研制与验证";北京市科委"社区宽带综合业务网络系统";国家"九五"攻关课题"B－ISDN 试验网设备组网测试和现场试验(中国科学院部分)"。主要(参与)论著:*Token－Based Congestion Control：Achieving Fair Resource Allocations in P2P Networks*、《互联网中的服务质量保证》、《基于以太网的宽带社区网络管理系统》*SPJBQ：Start Potential－based Jitter Bounded Queueing*、《基于参数估计的随机早期探测(RED)改进算法》、《基于地址转发表的交换式以太网拓扑发现方法》、*A Discovery Algorithm for Physical Topology in Switched Ethernets*。

刘韵洁

1943 年生。教授级高工,中国工程院院士。现任中国联合通信有限公司科技委主任。曾多次主持数据通信领域国家重点科研项目攻关,并取得多项重要成果。主持设计、建设并运营了国家公用数据网、计算机互联网、高速宽带网,为我国信息化发展打下了重要基础。主持设计、建设并运营了中国联通"多业务统一网络平台",解决了 IP 网络不可控、不可管和 QoS 无法保证的问题;解决了在一个网络平台上同时提供多种电信业务、互联网业务和视频业务等技术问题,为三网融合提供了一种可行的解决方案,是向下一代网络演进的一次成功的大规模实践,取得显著的社会效益和经济效益。曾获得国家科技进步一等奖 1 项,部级科技进步一等奖 2 项,国家发明专利 2 项。

张宏科

1957 年生。主要从事通信、计算机及信息网络科学等领域的理论和学术方面的研究。作为科研小组负责人,主要从事通信、计算机及信息网络科学等领域的理论和学术方面研究。曾主持完成了国家自然科学基金广义门阈分解理论与应用,现代干扰理论与效能评估的研究,研制出"模拟中值滤波器"、"比特串中值滤波器"、"非线性二值信号降噪器"和"IP 网卡"等几种新型处理器,其中"比特串中值滤波器"和"非线性二值信号降噪器"获得了国家专利,取得了较好的社会和经济效益。近年来,主要主持 IPv6 路由器、IPv6 防火墙、IPv6 安全路由器(兼容 v4)、国家攻关项目 IPv6 网络分析与测试技术、国家863 重大项目高性能 IPv6 路由器协议栈软件的研究、国家自然科学基金项目 IPv6QoS 等项目的研究工作。近年来,先后撰写学术论文 60 余篇,并撰写了《信息高速公路》、《ATM 网络技术》、《ATM 网络互联原理与工程》、《IP路由原理与技术》及《路由器原理与技术》等技术与理论书籍。先后获得2001 年度詹天佑科技进步奖、2003 年度茅以升科技进步奖，2004 年入选全国"首批新世纪百千万人才工程国家级人选"，2005 年获得北京市科学技术进步奖一等奖(主持研制的 BJTU IPv6 无线/移动路由器)。

李幼平

1935 年生。电子学专家，中国工程院院士。现任西南科技大学信息与控制工程学院院长。20 世纪 70 年代，李幼平和他的同事们掌握了一种"不作核爆炸，照样可以对飞行中的物理装置进行科学鉴定"的遥测方法。此后，中国的多种核武器就是靠这种方法得以顺利定型。80 年代，李幼平提出一种利用碰撞频率自然增长的科学设想，并建议"慢记快发，边记边发"的工程方案。方案付诸实施后，飞行定型的重要数据，再没有因等离子体黑障而丢失。在解决重大技术问题的过程中，曾获得多种奖励。其中包括国家科技进步一等奖，国家发明二等奖，国家科技重大成果一、二、三等奖多项；1988 年国家人事部授予"有突出贡献专家"称号；1999 年获何梁何利基金技术科学奖。

沙 踪

原名康安若，1926 年生。研究方向：开展了规模宏大的电波传播测量；电磁环境预报；电子测量系统提供传播误差修正；提供各种传播信道模型；研究各种自然和人工产生的杂波特性。主要论文：《微波前向散射传播理论中的等效散射角》、《超短波微波对流层散射传播》、《微波超短波对流层散射通信》、《对流层散射传播》、《对流层

散射传播测试结果研究报告》、《对流层散射传播测试结果研究报告》

罗军舟

1960 年生。博士,教授,博士生导师。在协议工程、网络管理、网络安全、网络教育和网络计算等领域,承担完成国家自然科学基金、国家"863"计划、江苏省科技攻关等 14 项国家和省部级项目,获得国家教育部科技进步一、二、三等奖和江苏省科技进步奖四等奖,发表国内外核心期刊和会议论文 140 余篇,其中 SCI、EI 和 ISTP 检索 23 篇,出版专著 2 本。目前,正在承担国家"十五"攻关、国家 973、教育部现代远程教育和江苏省应用基础等 4 个国家和省部级项目,是国家"十五"重大科技攻关专项"网络教育关键技术及示范工程"总体组组长。在协议工程研究领域,提出了基于 EPr/TN 网系统的协议验证基本方法,开发了协议描述、验证和仿真的计算机辅助工具 PESAT 系统,对高速网络协议并行机制进行了描述和验证;在网络管理研究领域,提出了网络智能管理的体系结构和面向对象的异构网络资源的表示技术,实现了基于 JMX 的综合网络管理系统;在网络安全研究领域,提出了主动式防火墙的思想,设计和实现了基于 NAT 的复合型防火墙系统。获得教育部"跨世纪人才"、江苏省"333工程"(二层次)培养对象和江苏省"青蓝工程"新世纪学术带头人等省部级荣誉称号 6 个。

黄 兵

1969 年生。硕士。1996 起在中兴通讯股份有限公司从事 ZXA10 光纤接入网产品开发,打破了国外厂商对国内市话网络的垄断。作为主要负责人获得 1999 年广东省科技进步奖二等奖。2000 年起从事宽带接入服务器研发工作,历任项目经理、总工等职;同期作为项目负责人完成国家计委宽带接入服务器产品化项目；2001 年 11 月份，该产品获得信息产业部首张宽带接入服务器入网证；2002 年 9 月，该产品顺利通过 CE 认证，顺利进入欧美市场；宽带接入服务器产品具备完全自主知识产权，取得了专利成果 15 项，处于国内领先、国际先进水平；同国外产品相比，具有更高的性价比，打破国外高技术产品的垄断，产生良好的经济效益和社会效益。2006 年至今任中兴通讯股份有限
公司 IP 技术总监，负责公司 IP 技术的长远规划，重大项目立项，关键技术预研等工作；主持公司新一代高端路由器的立项和研发工作；主持公司新一代 IP 协议栈立项和研发工作。

程时端

　　女，1940 年生。教授，博士生导师，现任北京通信学会理事，中国通信标准协会顾问委员会委员。长期从事网络与交换理论与技术研究，曾主持十余项国家重大科研项目和 9 项国际合作项目。1994 年在 1240 程控交换机上扩展了 ISDN 功能，开通了我国第一个 ISDN 商用试验网；此后开展 ATM 交换和宽带网技术研究，完成国家
自然基金项目"ATM 网络生存性研究"，"移动互联网服务质量工程学研究"，"支撑超高速互联网流量工程的网络测量方法研究"，研制了"基于 ATM 的大型话音综合交换机"（担任总设计师之一），"B－ISDN 话音接入系统"（项目负责人）；1996 年以来，进行互联网的理论和技术研究，包括互联网的性能和服务质量控制、网络测量和管理，下一代网的体系结构和新业务等，目前参加欧盟 FP7 未来网络技术研究课题，担任北京邮电大学项目组负责人。共发表学术论文 200 余篇，专著 2 部，主要代表作：《综合业务数字网》（编著）、《异步传递方式——宽带 ISDN 技术》（译著）。获得国际发明专利 4 项,国内发明专利 4 项,获部、市级科技进步二等奖 4 项,三等奖 2 项(均排名第一)。1992 年获国务院政府津贴,1994 年被评为国家级有突出贡献的中青年专家,1995 被评为北京市优秀教师,1998 年获全国模范教师称号。

戴 浩

1945 年生。自动化网专家。硕士,工程师。现任某部第六十一研究所研究员。2005 年当选为中国工程院院士。担任某系统二期工程副总设计师,破析了网络软件 DECnet 的目的代码,发现并修改了程序中的致命错误;逆向编制链路层的专用协议文本,实现了国产微机与 DECnet 的互通。任该自动化网三期工程总设计师时,统一了该系统网络和应用的技术体制,在网络动态重组等方面有重大创新,建成了网络实体可信、用户行为可控等功能的专用网络。曾获全国计算机应用一等奖、国家科技进步一等奖。在工程实践的基础上,编写了专著,发表论文 50 余篇。

邱雪松

1973 年生。博士,教授。北京邮电大学计算机学院网络管理研究中心主任。作为项目负责人,主持完成了 6 项国家和省部级项目,作为项目主研人,参加了 11 项国家级和 5 项省部级项目,取得了一批具有先进水平的成果,其中获国家科技进步奖二等奖 2 次,省部级科技进步奖一等奖 3 次,省部级科技进步奖二等奖 6 次。近年来已发表与网络管理相关的论文近 50 篇,其中核心刊物或国际会议 40 余篇。目前研究方向是网络管理与通信软件,作为项目负责

◎ 下一代网络及三网融合

人,目前正在承担国家自然科学基金和国家242课题各1项,作为项目骨干,参加国家自然科学基金课题1项。

孙利民

1963年生。博士,教授。现任同济大学桥梁工程系桥梁健康监测与振动控制研究室主任。长期从事桥梁制振和抗震方面的研究与教学工作,共发表国内外专业论文80余篇。在国外学习期间,他率先运用浅水波波动理论建立起了调谐液态阻尼器(TLD)的数学模型,并提出了合理估算液体摇动阻尼的理论公式。相关论文于1991年获得了日本土木界最高奖——日本土木学会论文奖。同时,参加编写了日本《长大桥梁、隔震桥梁的高阻尼化规范》,研究开发了以模糊数学理论控制的半主动可变阻尼器,用于控制地震作用下桥梁的振动。此外,在桥梁的阻尼装置方面他还荣获3项国际发明专利。

王文东

1963年生。1991年至今在北京邮电大学计算机科学与技术学院网络与交换技术国家重点实验室宽带网研究中心工作,现任北京邮电大学网络技术研究院副院长,北京邮电大学学术委员会委员。曾参加ISDN国标的技术审定工作,同时指导硕士研究生40余人。自1989年以来,先后主持和参加国家"七五"、"八五"科技攻关重点项目4项,国家"973"项目1项,国家863项目5项(重大项目2项),国家自然基金项目4项(重点1项,重大研究计划项目1项),省部级项目5项,国际合作项目3项和其他项目多项。目前在研的主要科研项目:国家发改委中国下一代互联网(CNGI)项目"CNGI-QoS机制和组网关键技术及实施方案的研究"(项目负责人);国家重点基础研究发展计划(973 计划)项目、国家自然科学基金项目、教育部新世纪优秀人才支持计划"无线传感器网络若干关键技术的研究"(项目负责人);教育部留学回国人员实验室建设项目"新一代互联网业务实验室 之 新一代互联网的服务质量控制和管理"(项目负责人);国际合作项目" NGN 软交换系统应用软件的研究和开发"(项目负责人)。

张思东

1945 年生。教授,博士生导师。现为北方交通大学电子信息工程学院教授。1993 年获国务院政府特殊津贴;1999 年获中国人民解放军科技进步奖三等奖;1999 年铁路高等教育工程本科教育(重点高校)人才培养模式与人才素质要求的研究获北方交通大学优秀教学成果一等奖;2001 年获北京市优秀教学成果二等奖;2003 年获中国人民解放军科技进步一等奖;2004 年获北京交通大学"优秀共产党员标兵"称号;2005 年"BJTUIPv6 无线/移动路由器"获北京市科技进步一等奖;2005 年获教育部科技成果——高性能 IPv6 路由器协议栈软件;2006 年获第七届詹天佑北京交通大学专项基金奖。

部分媒体报道

15年后，我们的网络什么样？
专家呼吁尽快开展新一代网络系统研究

操秀英

"任何一个技术都有周期，我相信现在的互联网架构和技术也有。10年、15年或者20年，总有一天会有新的架构、技术来逐步解决现有IP网络存在的问题。"在近日举行的中国科协第27期新观点新学说学术沙龙上，北京邮电大学信息与通信工程学院院长刘韵洁院士鲜明地亮出了自己的观点。

10年或15年后，我们将怎样上网？我们是否可以拥有更安全、更快捷、更智能的网络？这正是本期学术沙龙的主题。

键盘代替了笔、文档代替了纸张、E-mail代替了鸿雁传书、上开心网代替同学聚会……正如刘院士所言："没有哪种技术像互联网这样，给社会带来如此广泛的影响。"

与此同时，"在网上，没有人知道你是一条狗"的网络特性，既带来无拘无束的交流和前所未有的自由，也滋生了欺骗与陷阱。而在今年3.15晚会之后，更多的人开始担心网上银行、网上购物会使自己的电脑一不小心成为"肉鸡"。

此外，IP地址即将用尽的言论也不绝于耳。由中国互联网络信息中心等主办的"2008 IP地址资源研讨会"透露，有限的IP地址资源正逼近上限,目前已经用掉了80%。如不采取措施,网络地址资源按照目前的分派速度只剩下830多天。"这就相当于将来你想申请安装一部电话,却没有电话号码了。"一位专家对此解释道。

基于此,国内外都在积极研究下一代网络。北京交通大学张宏科教授介绍,美国政府已于1996年发起新一代互联网行动计划,建立了高性能骨干网络服务基础设施;欧盟2001年启动了新一代互联网研究计划,建立了连接30多个国家学术网的主干网;日本在第六代互联网协议(IPv6)的研发与产业化方面已走在世界前列。

我国也非常重视对新一代信息网络体系及关键技术的研究,启动了一系列相关科研工作,如发改委的CNGI项目、国家自然科学基金重大专项《网络与信息安全》、国家"863"重大项目《新一代高可信网络》、国家重大科技专项《新一代宽带无线移动通信网》等。

"但我们研究的主要内容还是IP网络的演进,基本都没有跳出其现有架构,总体上没有形成统一意志,也没有统一规划。"刘韵洁说,"这样下去我们只停留在IP网演进的层面,对10年、15年后的网络没有项目支持。"

他介绍道,美国自然科学基金委员会于2005年、2006年提出的"全球网络研究环境"(GENI)项目及"未来互联网设计"项目(FIND)均致力于根本上重新设计互联网,以解决各种现有问题,打造一个更适合未来计算机环境的新一代互联网。其中FIND拟打造一个适合未来15年环境的下一代互联网,包括网络体系结构、原理、机制等50个项目。

"这些项目可以在同一个平台协同进行。"刘韵洁说,该项目已于去年年底完成第一阶段的工程计划,目前已完成第二阶段的招标。

他补充道,日本也在IP网演进技术基础上提出了新一代的网络计划。"这些计划是不是一定会成功?当然有风险,但我们一定要去做。"

张宏科对此赞同说,尽管我国花了很大力气研究下一代网络,但大部分仍停留在技术层面,无论电信网还是互联网都没有一个中长期规划。"这方面我们确实还需要加大力度。"

"现在有一个机会,我们争取把这个课题纳入'中国工程科技中长期发展战略研究'联合基金。国外也就比我们早三四年,我想我们还不是太晚。"刘韵洁说,"而且这不是某个团队可以完成的,必须举全国之力,甚至全世界之力。"

张宏科也认为,当前国内外对新一代信息网络的研究还未形成完整体系,存在巨大的拓展空间,技术的革新也将带动 IT 产业的新一轮发展,这是个良好的发展机遇。"我们迫切需要展开新一代信息网络的全面系统研究,占领信息领域的制高点,形成自主知识产权的重大创新,使我国在知识产权问题上不再受国外制约。这将对提高我国国际竞争力、建设创新型社会具有重要意义。"张宏科说。

《科技日报》(2009 年 4 月 1 日)

中国科协学术沙龙关注"三网融合"

王学健

"随着信息与网络技术的发展,电信网、互联网和有线电视网三网融合的问题,已成为最近几年国内外研究的热点和重点。中国同世界发达国家一起积极推进未来网络的各种研究,这将对中国经济社会发展以及公众生活方式产生深远的影响。"在不久前召开的中国科协第 27 期新观点新学说学术沙龙上,"973"项目首席科学家、北京交通大学电子信息工程学院院长、下一代互联网研究中心主任张宏科,表达了中国学者对于推动未来网络发展的期盼。

近年来,电信技术、信息技术、网络技术的飞速发展和电信市场的开放以及用户对多种业务需求的与日俱增,使原来独立设计运营的传统的电信网、互联网和有线电视网正通过各种方式趋向于相互渗透和相互融合。与此同时,三类不同的业务、市场和产业也正在相互渗透和相互融合,电信与信息产业正在进行结构重组,电信与信息管理体制和政策法规也正在发生与之相适应的重要变革。以三大业务分割三大市场的时代已经结束,"三网融合"已成为信息业发展的重大趋势。

尽管"三网融合"已是大势所趋,但要真正实现"三网合一"还要有一个相当长的过程。由于三网业务的定位不同,不同行业不同网络之间的管理利益问题、三大网络标准不统一以及当前网络信息资源开放不够等,三网融合至少涉及业务融合、技术融合、市场融合、行业融合、终端融合乃至行业管制和政策等方面的融合,这就使得"三网融合"仍面临不少的困难。

在此次学术沙龙上,中国工程院院士刘韵洁、戴浩及20多位学者一起,对网络领域特别是"三网融合"的发展进行了探讨,围绕"下一代网络及三网融合"这一主题展开了热烈的讨论。专家们从安全角度、移动角度、广播角度等不同角度对"三网融合"的操作提出了创新性观点;同时结合业界对"三网融合"应用所面临的问题,全面系统地探讨了下一代互联网及三网融合同经济社会发展的关系,提出了很多建设性的意见。

《科学时报》(2009 年 5 月 19 日)